U0167379

电力工程全过程技术监督管理实务

（变电二次分册）

主　编　李付林　钱　肖
副主编　吕朝晖　陈文通　沃建栋　卢纯义

中国水利水电出版社
www.waterpub.com.cn
·北京·

内 容 提 要

本书在变电二次专业各类专项培训、技能技术竞赛、技术监督规范、工作经验的基础上经过整理、补充、汇编而成，包括继电保护装置、厂站自动化设备、网络安全设备、二次回路及安装，以及其他设备的可研初设、基建安装、竣工验收、首检预试 4 个环节的技术监督要点及典型案例。

本书可供变电二次及相关专业技术人员学习使用。

图书在版编目（CIP）数据

电力工程全过程技术监督管理实务. 变电二次分册 / 李付林，钱肖主编. -- 北京 ： 中国水利水电出版社， 2022.12
　ISBN 978-7-5226-1160-0

Ⅰ. ①电… Ⅱ. ①李… ②钱… Ⅲ. ①电力工程－技术监督②变电所－二次系统－技术监督 Ⅳ. ①TM7 ②TM645.2

中国版本图书馆CIP数据核字（2022）第241337号

书　　名	电力工程全过程技术监督管理实务 （变电二次分册） DIANLI GONGCHENG QUANGUOCHENG JISHU JIANDU GUANLI SHIWU (BIANDIAN ERCI FENCE)
作　　者	主　编　李付林　钱　肖 副主编　吕朝晖　陈文通　沃建栋　卢纯义
出版发行	中国水利水电出版社 （北京市海淀区玉渊潭南路 1 号 D 座　　100038） 网址：www.waterpub.com.cn E-mail：sales@mwr.gov.cn 电话：（010）68545888（营销中心）
经　　售	北京科水图书销售有限公司 电话：（010）68545874、63202643 全国各地新华书店和相关出版物销售网点
排　　版	中国水利水电出版社微机排版中心
印　　刷	清淞永业（天津）印刷有限公司
规　　格	184mm×260mm　16 开本　8.75 印张　181 千字
版　　次	2022 年 12 月第 1 版　2022 年 12 月第 1 次印刷
印　　数	0001—2000 册
定　　价	**78.00 元**

凡购买我社图书，如有缺页、倒页、脱页的，本社营销中心负责调换

版权所有·侵权必究

本书编委会

主　　编	李付林　　钱　肖			
副 主 编	吕朝晖　　陈文通　　沃建栋　　卢纯义			
编写人员	李策策	刘乃杰	潘　科	吴雪峰	杜浩良

李策策　　刘乃杰　　潘　科　　吴雪峰　　杜浩良

黄红辉　　张　波　　徐军岳　　柳　毅　　金　莹

朱维新　　徐　峰　　吕赢想　　王　彬　　王守禧

金张果　　左　晨　　高晓旺　　徐　洁　　刘　栋

郑　燃　　李跃辉　　施　川　　姜　妮　　程　烨

张嘉豪　　楼　坚　　潘　登　　梅　杰　　叶　玮

郑晓明　　张　伟　　刘建敏　　陈　昊　　朱兴隆

雷骏昊　　张振兴　　吴家俊　　张佳丽　　江　帆

管伟翔　　潘振宇

Foreword
前言

　　2020 年，是我国完成"十三五"规划的收官之年，也是我国电力发展的腾飞之年。电力是国民经济的命脉，是现代产业的动力"心脏"，更是国民经济发展的"先行官"。随着社会经济发展与人们生活水平的提高，电力资源越来越深入人们的生产生活，人们对电力资源的需求越来越多。为适应"十四五"规划的发展要求，特高压大规模投资建设和电网升级改造力度日益加大，电力工程的建设也愈发增多。在电力工程建设中，电力设备作为工程建设的重要组成部分，对其的管控，特别是对电力二次设备的管控，在一定程度上可影响我国电力工程项目的施工质量和施工进度。本书主要针对电力二次设备，对电力工程的全过程技术监督管理进行探讨，总结了电力工程各建设阶段对电力二次设备进行技术监督的要点和典型案例，为我国电力变电二次专业培养高素质全过程技术监督管理人员队伍作出贡献，提高电力工程建设质量，顺利完成"十四五"期间我国电力建设发展展望。

　　我国电力工程项目有下列几点特性：第一，电力工程项目流动性较大。电力工程项目的流动性主要指的是在对电力工程项目进行施工时，许多施工环节需不同环节的施工技术人员相互配合，且项目施工地点也会随着项目施工的进展并结合实际情况而进行调整，施工地点环境的变化相应地也会影响到电力工程项目施工技术人员，因此极大的流动性及不可控性是我国电力工程项目的一大特点。第二，电力工程项目管理难度高。由于我国地区之间的经济差异，电力工程项目在电力设备管理上无法形成一致的管理标准。此外，由于我国电力工程项目一般情况下具有多个承包单位，其对电力设备技术的管理均按照各自签订的合同来施行，一定程度上来说直接提升了我国电力工程项目管理的难度。第三，电力工程项目涉及的电力二次设备众多。电力二次设备包括继电保护装置、厂站自动化设备、网络安全设备等，涉及电流、电压、通信、信号等众多二次回路，相关技术规范、安装工艺等大不相同，因此电力工程项目中二次设备的管理难度大。

对我国电力工程项目监督管理来说，有着以下痛点：第一，缺乏科学合理的监督机制。在我国的现有规定中，对于电力工程监督管理工作有相关的规定，但是并没有组建出层级分明的监督网络系统，并且还未落实责任个人制度，很多施工企业挂靠建设单位，或者实行转包监督管理方法，监督管理工作流于形式，整个工程监督管理并没有实际意义。第二，尚未实施全方位监督管理工作。当前电力工程中的监督管理工作中，重视施工过程监督，但在电力工程设计、竣工验收、首检等阶段，却没有完善的监督管理机制。第三，缺乏职业素质较高的监督管理队伍。目前，监督管理工作人员专业知识掌握不扎实，缺乏相关法律知识和经济管理制度，由此也导致电力工程的监督管理只能依靠相关技术策略进行，不能根据工程建设的经济策略开展电力工程施工全过程监督管理工作，导致监督管理作用不能得到充分发挥。

技术监督管理主要是采用科学的管理手段，依靠科学的标准，利用先进的测试手段，以安全和质量为中心，对电力设备、设施及其构成系统的健康水平及与安全质量、经济运行有关的重要参数、性能、指标进行监测、检查、验证及评价，以确保其在安全、优质、经济的工作状态下运行。全过程是指从工程规划、设计、电力设备的选择、相应人员的就位开始，到电力工程的竣工、质检、试运行、运行的全过程监督管理均包含其中。

全过程技术监督是对电力建设、生产的全过程、全方位实施技术监督，"安全第一、预防为主、综合治理"是全过程技术监督工作贯彻的方针，管理过程中的原则是依法监督、分级管理，实行技术责任制。全过程技术监督工作建立质量、标准、计量三位一体的技术监督体系，中心是"质量"，依据是"标准"，手段是"计量"，坚持技术监督工作的动态化管理。全过程技术监督工作必须广泛采用先进、成熟的技术和方法，不断提高技术监督的准确性、及时性和有效性，提高电网技术监督的整体水平。

本书总结了在可研初设、基建安装、竣工验收、首检预试等环节对继电保护装置、厂站自动化设备、网络安全设备、二次回路及安装的技术监督要点和典型案例，对电力二次设备和二次回路开展全过程技术监督管理工作，其主要包括以下几个方面：第一，对电力工程项目的工程选址及设计方案进行把控。主要是为了确保电力工程项目的顺利开展，挑选最为适合工程项目的施工地，制定出科学合理的设计方案。第二，对电力设备的选择进行监督。可以帮助施工方选择最具性价比、质量更高的电力设备，可极大地增加施工项目成功的概率，也可减少在施工时出现电力设备方面的问题。第三，对电力工程竣工进行验收及对其进行试运行。对电力工程项目进行竣工验收，可再次排查电力工程项目中可能存在的问题，对人们的安全负责。完成竣工验收后，电力工程项目的试运行也是必不可少的，可发现之前环节中遗漏的错误之处，为人们带来更优化的电力服务。

编者

2022 年 10 月

ontents

目录

前言

第1章　可研初设环节技术监督要点及典型案例 ·· 1

　1.1　继电保护装置 ··· 1

　1.2　厂站自动化设备 ·· 20

　1.3　网络安全设备 ··· 27

　1.4　二次回路及安装 ·· 37

第2章　基建安装环节技术监督要点及典型案例 ·· 47

　2.1　继电保护装置 ··· 47

　2.2　厂站自动化设备 ·· 54

　2.3　网络安全设备 ··· 59

　2.4　二次回路及安装 ·· 59

　2.5　其他设备 ··· 63

第3章　竣工验收环节技术监督要点及典型案例 ·· 67

　3.1　继电保护装置 ··· 67

　3.2　厂站自动化设备 ·· 78

　3.3　网络安全设备 ··· 92

　3.4　二次回路及安装 ·· 96

第4章　首检预试环节技术监督要点及典型案例 ·· 102

　4.1　继电保护装置 ·· 102

　4.2　厂站自动化设备 ··· 110

　4.3　网络安全设备 ·· 115

　4.4　二次回路及安装 ··· 117

附录 ··· 124

　附录A　性能指标 ·· 124

　附录B　变电站与相关调度（调控）中心交互的SCADA信息 ···························· 124

　附录C　35kV及以上变电站监控主机系统软件推荐版本信息表 ························· 126

第 1 章

可研初设环节技术监督要点及典型案例

作为电力工程前期工作的重要组成部分，合理的系统规划是电力系统安全、可靠、经济运行的前提，也是具体的电力工程设计建设的方针和原则。本章根据电力系统二次专业特点，结合实际案例分析继电保护装置、厂站自动化设备、网络安全设备以及二次回路在规划设计阶段需注意的技术监督要点。

1.1 继电保护装置

继电保护装置是电力系统的重要组成部分，对保证系统安全运行起着非常重要的作用。

1.1.1 继电保护装置型号的选择要求

【主要内容】

涉及电网安全稳定运行的发、输、变、配及重要用电设备的继电保护装置应纳入电网统一规划、设计、运行和管理。在一次系统规划建设中，应充分考虑继电保护的适应性，避免出现特殊接线方式造成继电保护配置及整定难度的增加，为继电保护安全可靠运行创造良好条件。

继电保护装置的配置和选型必须满足有关规程规定的要求，并经相关继电保护管理部门同意。保护选型应采用技术成熟、性能可靠、质量优良并经国家电网有限公司（以下简称国家电网公司）组织的专业检测合格的产品。保护装置功能配置及型号选择应正确，针对一次系统接线方式、负荷性质以及需要配置的保护类型不同，选择合适的保护装置型号。

【分析说明】

随着电网的发展，电力系统元件及接线方式类型多、差异性大，不同负荷也具有不同的性质，如母线接线方式有双母线接线、双母分段接线、3/2 接线等多种接线方式；主变结构有双绕组变压器、三绕组变压器、自耦变压器等多种变压器结构类型；而不同的负荷具有不同特点，如电铁、钢厂等负荷具有较大冲击性……针对以上不同接线方式、不同设备类型、不同负荷特点，所配置的保护类型也有较大差异。

目前保护装置设计采用统一标准，不同厂家的装置具有相同的保护功能。保护型号选择说明及功能配置如图 1-1 和表 1-1～表 1-3 所示。

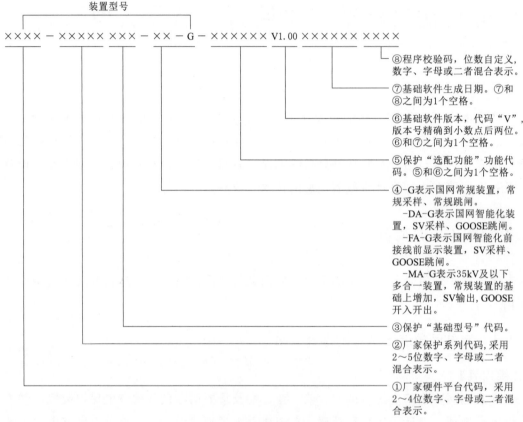

图 1-1　保护装置型号说明

注：1. "基础型号"代码不组合，代码详见各装置功能配置表。

2. "选配功能"代码可无，也可多个代码组合，功能代码详见各保护功能配置表，组合时按从上到下顺序依次排列。

3. 66kV 及以上保护测控集成装置，装置版本由保护版本和测控版本组成。

表 1-1　　　　　　　　　　　　　线路保护功能配置表

类别	序号	基础型号功能	代码	备注
基础型号	1	2M 双光纤通道	A	不考虑 64KB 通道
	2	光纤通道和载波通道	F	载波通道为接点允许式
	3	接点方式	Z	
	4	T 型接线纵联电流差动保护装置	T	适用于线路两侧和三侧运行方式

续表

类别	序号	选配功能	代码	备　注
选配功能	1	零序反时限过流保护	R	
	2	三相不一致保护	P	
	3	过流过负荷功能	L	适用于电缆线路
	4	电铁、钢厂等冲击性负荷	D	
	5	过电压及远方跳闸保护	Y	
	6	3/2 断路器接线	K	仅适用于智能站。不选时，为双母线接线；选择时，为 3/2 断路器接线、取消重合闸功能和三相不一致选配功能

注　1. 智能站保护装置应集成过电压及远方跳闸保护。

　　2. 常规站基础型号功能代码为 A（2M 双光纤通道保护）的保护装置宜集成过电压及远方跳闸保护，基础型号功能代码为 F（光纤通道和载波通道）和 Z（接点方式）的保护装置不集成过电压及远方跳闸保护。

　　3. 3/2 断路器接线含桥接线、角形接线。

表 1－2　　　　　　　　　　母线保护功能配置表

类别	序号	基础型号	代码	备　注
基础型号	1	双母线接线母线保护 双母双分段接线母线保护	A	
	2	双母单分段母线保护	D	
	3	3/2 断路器接线母线保护	C	
类别	序号	选配功能	代码	
选配功能	1	母联（分段）充电过流保护	M	功能同独立的母联（分段）过流保护
	2	母联（分段）非全相保护	P	功能同线路保护的非全相保护
	3	线路失灵解除电压闭锁	X	

表 1－3　　　　　　　　　　主变保护功能配置表

类别	序号	基础型号	代码	说明	备注
基础型号	1	110kV 变压器	T1	无选配功能	
	2	220kV 变压器	T2		
	3	330kV 变压器	T3		
	4	500kV 变压器	T5		
	5	750kV 变压器	T7		
类别	序号	选配功能	代码	备注	
选配功能	1	高、中压侧阻抗保护	D		
	2	低压侧小电阻接地零序过流保护，接地变后备保护	J		
	3	低压侧限流电抗器后备保护	E		
	4	自耦变（公共绕组后备保护）	G		
	5	220kV 双绕组变压器	A	无中压侧后备保护	

【**案例分析 1**】 ××变电铁线路保护选型

在设计阶段，线路保护应根据线路输送的负荷不同选配合适的型号，根据功能配置表以及保护装置型号说明，电铁线路应选择-D 型号，针对常规站应选择-G-D 型号，图 1-2 和图 1-3 为两套 220kV 线路保护配置选型。

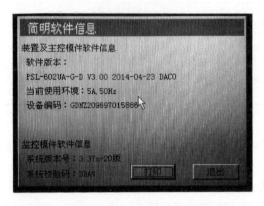

图 1-2 国电南自常规站电铁线路保护　　图 1-3 北京四方常规站电铁线路保护

【**案例分析 2**】 根据母线接线方式选择合适厂家的保护装置

变电站母线有多种接线方式，220kV 以上电压等级变电站普遍采用 3/2 接线；220kV 变电站采用双母线或双母分段接线方式。现有一 220kV 变电站，高压侧母线采用双母单分段、正母分段接线方式，查询各厂家资料得知南京南瑞继保电气有限公司（以下简称南瑞继保）PCS-915 系列保护装置内部程序逻辑采用正母分段方式，长园深瑞继保自动化有限公司（以下简称长园深瑞）BP-2C 系列保护装置内部程序逻辑采用副母分段方式，如图 1-4 所示。为了降低回路设计难度，减小施工时误接线风险，在规划设计阶段可考虑采用与一次系统相适应的 PCS-915 系列保护装置。

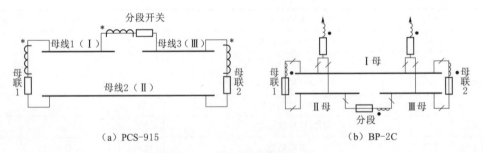

（a）PCS-915　　　　　　　　（b）BP-2C

图 1-4 保护装置内部保护逻辑

1.1.2 防"三误"和双重化的要求

【**主要内容**】

继电保护组屏设计应充分考虑运行和检修时的安全性，确保能够采取有效的防继电保护"三误"（误碰、误整定、误接线）措施。当双重化配置的两套保护装置不能实施确保运行和检修安全的技术措施时，应安装在各自保护柜内。

电力系统重要设备的继电保护应采用双重化配置，两套保护装置的跳闸回路应与断路器的两个跳闸线圈分别一一对应。每一套保护均应能独立反应被保护设备的各种故障及异常状态，并能作用于跳闸或发出信号，当一套保护退出时不应影响另一套保护的运行。

【分析说明】

双重化的保护装置分屏布置要求的初衷是最大限度地减少检修时由于人员失误而造成保护的不正确动作；随着技术发展，保护装置体积减小，屏间及屏内连线减少，使得配屏的经济性问题凸显。屏柜布置方案选择的先决条件必须是"安全第一"。

重要设备按双重化原则配置保护是现阶段提高继电保护可靠性的关键措施之一，所谓双重化配置不仅仅是应用两套独立的保护装置，而且要求两套保护装置的电源回路、交流信号输入回路和输出回路、直至驱动断路器跳闸，两套继电保护系统完全独立，互不影响，其中任意一套保护系统出现异常，都能保证快速切除故障，并能完成系统所需要的后备保护功能。

双重化原则配置既可有效防止单一保护装置拒动带来的严重后果，提高保护设备的可依赖性，也能避免一次设备因保护装置出现故障、异常或检修而导致不必要的停运，提高电力设备的经济效益。

【案例分析】　目前主要保护的配置方式

（1）220kV 及以上线路保护应双重化配置主保护和完整的后备保护。

（2）变压器、高压并联电抗器应配置双重化的主、后备一体化的电气量保护和一套非电量保护。

（3）串联电容补偿装置有固定串联电容补偿（FSC）和可控串联电容补偿（TC-SC）两种，应根据串联电容补偿装置的建设规模和相应电气主接线进行保护配置。

（4）一个半断路器接线、角型接线、桥型接线，当某一元件退出而与之相关的两断路器继续合环运行时应双重化配置独立的短引线保护。

（5）母线保护应双重化配置；对于双母线接线，断路器失灵保护集成在母线保护中，对于其他接线方式，失灵保护按断路器配置。

1.1.3　保护装置间配合的要求

【主要内容】

各保护装置应满足相互配合的原则，防止在故障情况下因配合不当造成保护不正确动作，扩大停电范围。

【分析说明】

根据电网继电保护装置运行整定规程规定，电网中的继电保护应满足可靠性、速动性、选择性和灵敏性的要求，如果由于电网运行方式、装置性能等原因，不能兼顾速动性、选择性或灵敏性要求时，应在整定时合理地进行取舍。在规划设计阶段，应充分考虑电网的各种运行方式以及故障时的保护动作情况，防止定值设置不合适造成保护不正确动作。

【案例分析】 定值设置不合适造成 110kV 变电所内桥备投拒动

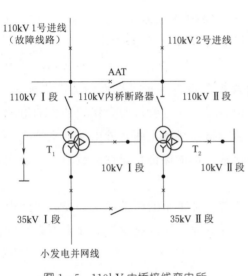

图 1-5　110kV 内桥接线变电所

如图 1-5 所示，某 110kV 内桥接线变电所 110kV 侧采用母分备自投方式，配置 110kV 进线保护，该保护动作后不跳闸，仅闭锁内桥备自投。进线保护的作用是在母线设备检修后作为充电保护投入，正常情况下停用，同时为了防止当母线设备故障时，110kV 内桥备自投动作造成事故扩大，所以进线保护动作后还应闭锁备自投。某日 1 号进线发生单相永久性接地故障，线路电源侧保护动作跳闸，重合不成功，110kV 变电所母分备自投拒动，造成 T_1 变压器失电。

1. 原因分析

1 号进线发生单相接地故障时电源侧继电保护正确动作，重合闸失败后三相跳闸切除故障，此时由于 35kV 侧小电源系统正并网发电，导致 T_1 变压器成为中性点不接地系统，放电间隙击穿，35kV 侧向 110kV 侧倒供故障电流，使得 110kV 进线零序保护动作闭锁备自投，造成备自投拒动。

2. 解决方案

110kV 变电所进线保护设置时，在相电流过流保护能满足灵敏度要求时，应适当提高零序过流保护的定值和考虑零序过流保护加装方向元件（方向指向母线、主变压器），避免上述备自投闭锁引起主变失电的事故。

1.1.4　电压切换回路位置输入方式与保护配置相匹配

【主要内容】

当保护采用双重化配置时，其电压切换箱（回路）隔离开关辅助触点应采用单位置输入方式。单套配置保护的电压切换箱（回路）隔离开关辅助触点应采用双位置输入方式。电压切换直流电源与对应保护装置直流电源取自同一段直流母线且共用直流空气开关。

【分析说明】

双母线变电站的切换继电器采用单位置和双位置输入方式各有优缺点：当采用单位置输入方式时，刀闸接点接触不良会导致继电器返回，使得保护装置无法采集电压；采用双位置输入方式时，刀闸接点接触不良会使继电器无法返回，在母线侧刀闸倒闸后会导致电压互感器二次误并列，可能造成电压互感器二次反充电。

目前双重化配置的保护，其切换继电器采用单位置输入方式，原因是：双重化配置的保护配置独立的操作箱，一套电压切换故障不影响另一套保护运行，可防止电压互感器二次反充电。单套配置保护的切换继电器采用双位置输入方式。单套配置用双位置输入方式考虑电压切换的可靠性，防止辅助接点接触不良导致交流电压失去后保护退出影响设备运行。

【案例分析】 切换继电器选择不合适导致保护误动作

某 220kV 变电站，双母线单分段接线方式，Ⅰ、Ⅱ、Ⅲ母线并列运行。某日，Ⅰ、Ⅲ母线的母联电流互感器故障，220kV 母差保护动作，切除Ⅰ、Ⅲ母线上的设备；3.1s 后，Ⅱ母线上仅有的两条有源线路 B 套距离保护Ⅲ段均动作断路器跳闸，全站失压。现场检查发现，该变电站电压切换继电器采用双位置继电器，Ⅱ母线上一负荷线路，因 B 套电压切换箱内一金属膜电阻损坏，造成电压切换继电器误并列及二次反充电。反充电引起Ⅰ、Ⅱ母线电压互感器第二组电压空气开关跳闸，Ⅱ母线上仅有的两条有源线路 B 套距离保护电压互感器二次失压，距离保护Ⅲ段误动作。

1.1.5　纵联保护通道的要求

【主要内容】

纵联保护应优先采用光纤通道。分相电流差动保护收发通道应采用同一路由，确保往返延时一致。在回路设计和调试过程中应采取有效措施防止双重化配置的线路保护或双回线的线路保护通道交叉使用。

【分析说明】

线路纵联保护对通道有一定的要求：

（1）与以往的纵联保护通道相比，光纤通道有特有的优势。

（2）对于当今的线路纵差保护而言，两侧保护收、发信息的延时必须一致。

（3）通道识别功能不健全的保护，在通道交叉使用时可能会不正确动作。

【案例分析 1】 路由不一致导致保护不正确动作

某 330kV 线路区外故障时，双重化配置的两套保护中一套电流差动保护动作，3332、3330 断路器 B 相跳闸，重合成功。经查，该套保护装置通道收、发路由不同，通道往返延时长期不一致，正常运行时，由于负荷较低，通道时延差所造成的差动电流未达到告警状态。但当电网发生区外故障时，穿越电流较大，从而使得保护装置计算的差动电流相应增大，超过定值，导致误动。

【案例分析 2】 光纤通道交叉导致保护不正确动作

甲电厂 220kV 升压站与 220kV 乙变电站通过甲乙一线、甲乙二线并列运行。两条线路保护均双重化配置，A 套保护采用了专用光纤通道电流差动保护，B 套保护采用了复用 2M 通道的纵联距离保护。某日，甲乙一线发生断相、接地复合故障，甲乙一线、甲乙二线同时动作跳闸，之后在试送过程中，两条线路再次跳闸。经检查发现，乙站侧配线架处一线与二线 B 套线路保护用 2M 口接线交叉，因早期线路保护无通道识别码，造成正常运行时无法发现通道交叉。

1.1.6　电流互感器的特性与系统短路容量匹配

【主要内容】

应根据系统短路容量合理选择电流互感器的容量、变比和特性，满足保护装置整定配合和可靠性的要求；线路各侧或主设备差动保护各侧的电流互感器的相关特性宜一致，避免在遇到较大短路电流时因各侧电流互感器的暂态特性不一致导致保护不正确动作；母线差动保护各支路电流互感器变比差不宜大于 4 倍；母线差动、变压器差动和发变组差动保护各支路的电流互感器应优先选用准确限值系数（ALF）和额定拐点电压较高的电流互感器。

【分析说明】

电流互感器是继电保护非常重要的前端设备之一，电流互感器选择直接影响继电保护性能、容量与电流互感器带负载能力、饱和特性相关；电流互感器特性直接影响保护的可靠性；而变比则会对灵敏度产生影响，影响程度与短路电流水平有关，要根据实际系统的短路容量合理选择。

为保证差动保护动作的正确性，应尽量保证差动保护各侧电流互感器暂态特性、相应饱和电压的一致性，以提高保护动作的灵敏性，避免保护的不正确动作，特别是避免穿越性故障时保护的误动。

对于微机型母线保护，一般可通过保护内部软件对不同电流互感器变比进行调整。但是，若不同支路的电流互感器变比差异过大，将会使母差保护的性能变差；"ALF"为电流互感器准确限制系数，是复合误差不超过规定值时的一次电流倍数；额定拐点电压高可使饱和点高，可提高抗区外短路能力。

【案例分析 1】 主变各侧电流互感器特性不一致导致区外故障保护误动作

某电厂一条送出线路发生永久性单相接地故障，保护动作跳闸后重合于故障，再次跳闸。与此同时，该电厂 1 号、2 号机组的主变差动保护动作。通过对主变各侧电流分析后可知,在连续两次区外故障冲击后,由于剩磁的存在,致使主变高压侧和低压侧电流互感器的传变特性严重不一致,产生了较大的主变差动电流,且三相差流中的谐波含量很低,导致两台机组的主变比率差动保护均动作于跳闸。

【案例分析 2】 线路单侧电流互感器饱和造成区外故障保护误动

电厂与变电站之间通过双回线相连,某日双回线中的一回线发生单相接地故障,重合不成功跳三相,同时二回线的差动保护动作跳开两侧 A 相断路器,线路重合成功。通过故障录波分析发现,二回线电厂侧的电流波形发生明显畸变,呈现电流互感器饱和特征,而该线路变电站侧电流正确传变。现场核查发现,该线两侧电流互感器特性不一致,电厂侧电流互感器的拐点电压明显低于变电站侧。当一回线重合于故障时,穿越电流导致二回线的电厂侧电流互感器饱和,线路保护差动电流满足动作门槛,导致保护动作跳闸。

1.1.7 电流互感器绕组分配无死区

【主要内容】

应充分考虑合理的电流互感器配置和二次绕组分配,消除主保护死区。

当采用 3/2、4/3、角形接线等多断路器接线形式时,应在断路器两侧均配置电流互感器。

对经计算影响电网安全稳定运行的重要变电站的 220kV 及以上电压等级双母线接线方式的母联、分段断路器,应在断路器两侧配置电流互感器。

对确实无法快速切除故障的保护动作死区,在满足系统稳定要求的前提下,可采取启动失灵和远方跳闸等后备措施加以解决;经系统方式计算可能对系统稳定造成较严重的威胁时,应进行改造。

【分析说明】

电流互感器二次绕组的分配、电流互感器的配置及安装位置可能导致死区。一旦发生死区故障,故障切除时间将延长;故障切除时间长将对周边电力电子类设备的运行产生影响,如故障发生在特高压直流集中馈入近区,且切除时间超过 200ms,可能导致多回直流同时发生连续两次以上换相失败,甚至双极闭锁。巨大的暂态能量冲击对送、受端电网造成严重影响,甚至造成垮网事故;母联或分段断路器,单侧布置电流互感器将无法正确区分死区故障,延长故障消除时间。

应合理配置电流互感器及二次绕组:对于 3/2、4/3、角形接线等多断路器接线型式,应在开关两侧均配置电流互感器;老站改造时,可能导致直流双极闭锁、系统稳定破坏的,应抓紧实施改造;危害较轻的,沿用启动失灵和远方跳闸等后备措施。

【案例分析】 因二次绕组分配、布置不当造成保护死区

如图 1-6 所示,2211 断路器配有 4 个保护用的电流互感器二次绕组,但母线侧电流互感器配了 3 个,线路侧电流互感器只配了 1 个。该站的线路保护、母线保护均

为双重化配置。线路保护均使用母线侧电流互感器；受电流互感器配置的限制，第二套母线保护使用线路侧电流互感器，而第一套母线保护只能用母线侧电流互感器。当使用线路侧电流互感器的第二套母线保护因检修等原因退出运行时，将造成母线侧电流互感器与断路器之间死区故障无法快速切除。

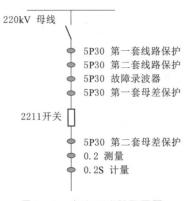

图 1-6　电流互感器配置图

1.1.8　电容器、电抗器、站用变保护配置的要求

【主要内容】

500kV 及以上电压等级变压器低压侧并联电抗器和电容器、站用变的保护配置与设计应与一次系统相适应，防止电抗器和电容器、站用变故障造成主变压器跳闸。

【分析说明】

变电站内用于无功补偿的电容器、电抗器以及站用变等设备应通过各自的断路器接至主变低压侧母线，并配备相应的保护，保护定值与主变的低压侧保护相配合，应注意防止低压侧设备故障时由于主变保护越级而扩大事故停电范围。

【案例分析】

在某些变电站的设计中，站用变高压侧通过一次熔断器直接接至主变的低压侧母线，站用变低压侧经电缆直接接至站用变小室母线。此种设计存在以下问题：

（1）主变低压侧保护与站用变高压侧的熔断器配合较为困难，如站用变发生故障，主变保护可能会越级而造成事故停电范围的扩大。

（2）站用变低压侧电缆单相故障时，没有任何保护装置可以反映，只有发展至相间故障时，才有可能由熔断器切除站用变。

1.1.9　主变非电量保护的要求

【主要内容】

主变非电量保护应防水、防振、防油渗漏、密封性好。气体继电器至保护柜的电缆应尽量减少中间转接环节。

【分析说明】

非电量保护是利用流速、压力、温度等非电气特征反映设备运行异常工况的保护，动作后需通过接点转换为电气信号。一般情况下，非电量保护安装环境条件较差，跳闸出口通常无电气量做安全把关。

【解决措施】

（1）加强密封防漏及防水、防振、防油渗漏措施。

（2）减少电缆转接的中间环节。

1.1.10　安装环境对保护装置的影响

【主要内容】

应充分考虑安装环境对保护装置性能及寿命的影响，对于布置在室外的保护装置，其附属设备（如智能控制柜及温控设备）的性能指标应满足保护运行要求且便于维护。

【分析说明】

随着电网建设与发展，保护装置的布置方式发生了一些变化，有些保护装置被布置在室外。当今的保护装置大多是由微电子元件构成的微机型保护装置，对温度、湿度等外部环境的适应性有一定的限制。对于布置在户外或运行环境较差的保护装置，与其配套的温控设备、户外柜在设计时，应充分考虑实际安装位置周边环境及保护内部元器件承受力对装置性能及寿命的影响，考虑运行维护的方便性，尽量给保护装置创造好的环境，保证寿命周期及工作性能。智能柜应配置容量足够的制冷、除湿或加热等附属设备。

1.1.11　故障录波器的配置要求

【主要内容】

110（66）kV 及以上电压等级变电站应配置故障录波器。变电站内的故障录波器应能对站用直流系统的各母线段（控制、保护）对地电压进行录波。

【分析说明】

（1）110kV 多为无人站，录波信息可为调控人员处理事故提供依据。

（2）直流异常可能会导致保护不正确动作，直流系统监视功能简单且实时性较差，利用录波器对直流系统进行录波将有助于此类事故的分析。

1.1.12　双套配置保护直流电源双重化要求

【主要内容】

两套保护装置的直流电源应取自不同蓄电池组连接的直流母线段。每套保护装置及与其相关设备（电子式互感器、合并单元、智能终端、网络设备、操作箱、跳闸线圈等）的直流电源均应取自与同一蓄电池组相连的直流母线。

【分析说明】

直流电源系统是变电站最为重要的系统之一，作为保护装置的工作电源和断路器等的操作电源，站用直流系统的运行状况对于继电保护装置和断路器的动作行为有着至关重要的作用。

为实现对保护双重化配置对于功能冗余的期望，防止在站用直流系统异常时同时失去两套保护，对于按照双重化原则配置保护的变电站，直流电源的分配也必须与双重化的原则相适应。

【案例分析】 保护附属设备工作电源交叉混用导致双套保护均无法正常工作

某变电站一条 220kV 线路进行带开关传动试验，开关跳闸同时 A 套保护装置、A 套智能终端、A 套电流/电压互感器采集模块、B 套电流/电压互感器采集模块、B 套

图 1-7 现场保护背板图

合并单元工作电源失电。经检查发现，该线路保护装置的附属设备直流电源取用随意，交叉混用，直流电源一段除接有 A 套保护工作电源、A 套智能终端外，还接有 B 套合并单元的工作电源，且 B 套电流/电压互感器采集模块与 A 套保护工作电源共用了同一只直流空气开关，而 A 套合并单元工作电源却取自了直流二段电源；同时还发现，开关本体汇控柜中电子式电流/电压互感器采集模块工作电源（取自直流一段电源）正负极线芯裸露过长（2cm），在开关振动时发生正负极短路；加之直流电源空气开关级差配置不合理，直流一段馈电柜总空气开关越级跳闸，导致双套保护均无法正常工作。现场保护背板如图 1-7 所示。

1.1.13 双套配置保护装置配合回路的要求

【主要内容】

两套保护装置与其他保护、设备配合的回路应遵循相互独立的原则，应保证每一套保护装置与其他相关装置（如通道、失灵保护）联络关系的正确性，防止因交叉停用导致保护功能缺失。

220kV 及以上电压等级线路按双重化配置的两套保护装置的通道应遵循相互独立的原则，采用双通道方式的保护装置，其两个通道也应相互独立。保护装置及通信设备电源配置时应注意防止单组直流电源系统异常导致双重化快速保护同时失去作用的问题。

【分析说明】

继电保护的双重化配置不仅是配置两套独立的继电保护装置，而且要求与保护装置相连，同时与保护功能相关的两套二次系统之间不能相互影响。因此，必须保证保护装置与相关设备（包括通道、失灵保护、智能变电站的合并单元、智能终端及交换机等）相互对应关系的一致性，从保证故障切除的可靠性角度出发，即使在变电站的

一套直流电源系统失效时也能按要求实现保护功能，须极力避免由于单一设备损坏或单组直流系统异常造成同时失去双重化配置的两套保护。通道是线路纵联保护的重要组成部分，对于按双重化原则配置的线路纵联保护，必然要求通道也须符合双重化的原则，尽量减少通道之间的相关性和相互影响。

两套通道设备的电源应取自不同的直流电源母线。同一通道在本站所用通道设备（包括光端机及对应的光电转换设备）的电源必须取自同一组直流电源母线。当通信电源取自站用直流电源时，应尽量保证保护装置与通信设备电源取自同一组站用直流母线。对于采用双通道的线路纵联保护，应保证同一套保护装置的两个通道相互之间不受影响，不同通道的传输延时差异不会导致保护的误动。

【案例分析 1】 保护通道设备对应关系不一致导致双套主保护闭锁

某 500kV 线路按双重化原则配置的两套保护装置，伴随着通信室的第一组直流电源异常而同时发出通道中断告警信号，调度不得以下令拉开线路。

经检查发现，传送第一套纵联保护信息的光端机和第二套纵联保护的光电转换装置共用了通信室的第一组直流电源，传送第二套纵联保护信息的光端机和第一套纵联保护的光电转换装置共用了通信室的第二组直流电源。两套保护通道设备的直流电源交叉混用。

当通信室第一组直流电源出现异常后，传送第一套纵联保护信息的光端机和第二套纵联保护的光电转换装置同时失电，所以导致两套保护装置的通道均出现了中断，线路因失去双套主保护被迫停运。

【案例分析 2】 双套保护对应光电转换装置工作电源取自同一组直流电源母线导致线路被迫停运

某日，某 330kV 线路 A、B 保护装置在 4min 内先后发生光纤通道故障，双套主保护闭锁，线路被迫停运。

经检查发现，安装于不同通信接口屏中的 A 保护光电转换装置和 B 保护光电转换装置均取自通信电源直流Ⅰ段。当日该站通信电源Ⅰ段充电模块故障引起给Ⅰ段通信电源供电的交流空气开关跳闸，通信电源Ⅰ段负荷改由蓄电池供电，随着蓄电池端电压不断下降，A、B 保护接口装置先后停止工作，造成双套主保护通道中断，线路被迫停运。

1.1.14 双重化配置保护装置防止家族性缺陷的要求

【主要内容】

为防止装置家族性缺陷可能导致的双重化配置的两套继电保护装置同时拒动的问题，双重化配置的线路、变压器、母线、高压电抗器等保护装置应采用不同生产厂家的产品。

【分析说明】

目前，我国电力系统继电保护的微机化率几乎达到 100%。微机保护的特点之一是平台共用，同一厂家生产的不同原理的保护装置，大多在相同的平台上进行开发设计，差异只是在软件上存在不同。平台共用方式的缺陷在于，如平台因设计考虑不周而出现问题，必然就成为家族性缺陷。对于线路、变压器、母线、高抗等主设备，虽然按双重化的要求进行了保护配置，若选用存在家族性缺陷的同一厂家产品，就依然存在保护拒动的风险。而对于断路器保护、短引线保护、串补保护等，考虑到其实际功能及运行需要，不强制要求采用不同厂家的产品。

1.1.15 双重化配置保护装置电流回路的要求

【主要内容】

引入两组及以上电流互感器构成合电流的保护装置，各组电流互感器应分别引入保护装置，不应通过装置外部回路形成合电流。

【分析说明】

长期以来，为了兼顾双母线和 3/2 两种接线形式，大多数厂家在线路保护中只设计了一组交流电流输入端，对于用于 3/2 接线形式变电站的线路保护，采取了将需要引入保护装置的两组电流互感器回路先在装置外部构成合电流后再引入保护装置的方式。而以此种接线形式构成保护装置，不仅会给保护的电流互感器断线判别带来困难，而且存在保护不正确动作的风险（尤其是差动保护）。

根据反事故措施要求：引入两组及以上电流互感器构成合电流的保护装置，各组电流互感器应分别引入保护装置，不应通过装置外部回路形成合电流。对已投入运行采用合电流引入保护装置的，应结合设备运行评估情况，逐步进行技术改造。

【案例分析】 故障线路重合闸时非故障线路保护误动

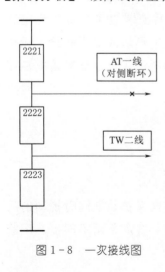

图 1-8 一次接线图

某变电站 220kV 系统为 3/2 接线，第二串 2222/2223 TW 二线发生 B 相永久性接地故障，TW 二线两侧主保护正确动作选跳 B 相，如图 1-8 所示。0.5s 后，2222 断路器 B 相重合于故障跳三相，同时第二串 2221/2222 AT 一线（该线路在对侧断开热备用）第一套纵联差动保护误动。

经检查，AT 一线线路保护采集 2221、2222 的电流互感器合电流，其电流互感器受高剩磁影响出现较大传变误差，AT 一线线路保护测量出差电流，又因线路断环热备状态其合电流无法有效制动，导致差动保护误动。若 AT 一线线路保护采用 2221、2222 电流互感器分电流接入方式，可借助线路区外故障时线路两侧多个电流互感器的分电流来优化差动保护制动判据，产生较大的制动电流，有效避免差动保护误动。

1.1.16 防跳继电器时间配合的要求

【主要内容】

防跳继电器动作时间应与断路器动作时间配合，断路器三相位置不一致保护的动作时间应与相关保护、重合闸时间相配合。

【分析说明】

断路器防跳继电器的作用是在断路器同时接收到跳闸和合闸命令时，有效防止断路器反复合、跳，断开合闸回路，将断路器可靠地置于跳闸位置。防跳继电器的接点一般都串接在断路器的控制回路中，若防跳继电器的动作时间与断路器的动作时间不配合，轻则影响断路器的动作时间，重则导致断路器拒合或拒分。

断路器处于非全相状态时，系统会出现零序和负序分量，并根据系统的结构分配至运行中的相关设备，如果断路器三相不一致保护动作时间过长，零序、负序分量数值及持续时间超过零序保护的定值，零序或负序保护将会动作；配置单相重合闸的线路，在保护动作跳闸至重合闸发出命令合闸期间，故障线路的断路器处于非全相状态，如果断路器三相不一致保护动作时间过短，将可能导致无法完成重合闸功能，扩大事故影响。

【案例分析1】 防跳继电器动作速度过慢导致防跳功能失效

某年，某变电站220kV线路投运送电，合闸时发生GIS内部闪络故障，由于防跳功能失效，开关发生"跳跃"现象，GIS设备严重损坏。

经检查发现，开关防跳功能由本体实现，防跳继电器动作速度过慢，防跳继电器串接在合闸控制回路中，当断路器合闸完成后跳闸回路立即导通，断路器又立即分闸，而断路器分闸时间比防跳继电器的动作时间要快，导致防跳继电器一直无法动作自保持，防跳回路失效。断路器合闸控制回路如图1-9所示。

【案例分析2】 三相不一致保护先于重合闸动作导致开关三跳未重合

某电厂500kV出线（投"单重"方式）发生C相单相瞬时接地故障，双套线路保护正确动作，系统侧开关单跳重合成功，电厂侧开关三相跳闸未重合。

经检查发现，电厂侧开关在重合闸延时等待过程中，开关本体三相不一致保护动作，导致开关三相跳闸未重合。

1.1.17 整定计算对保护灵敏度的要求

【主要内容】

依据电网结构和继电保护配置情况，按相关规定进行继电保护的整定计算。当灵

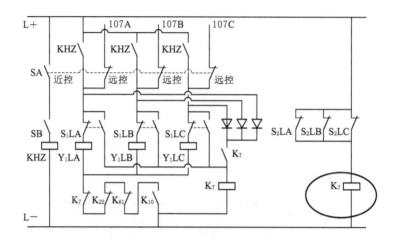

符号	说明
L+/L-	直流控制电源
K_7	防跳继电器
K_{22}	压力低闭锁合闸继电器
K_{61}	三相不一致继电器
K_{10}	SF_6压力低闭锁合闸继电器
SA	远控/近控切换开关
SB	就地合闸按钮
KHZ	就地合闸控制线圈
107A/107B/107C	远方合闸命令
$S_1LA/S_1LB/S_1LC$	断路器辅助接点
$S_2LA/S_2LB/S_2LC$	断路器储能接点
$Y_1LA/Y_1LB/Y_1LC$	断路器合闸线圈

图 1-9 合闸控制回路

敏性与选择性难以兼顾时，应首先考虑以保灵敏度为主，防止保护拒动，并备案报主管领导批准。宜设置不经任何闭锁的、长延时的线路后备保护。

【分析说明】

　　继电保护的配置和整定计算都应充分考虑系统可能出现的不利情况，尽量避免在复杂、多重故障的情况下再发生继电保护不正确动作，同时还应考虑系统运行方式变化对继电保护带来的不利影响。

　　当电网结构或运行方式发生较大变化时，应对现运行保护装置的定值进行核查计算，不满足要求的保护定值应限期进行调整。遇到电网结构复杂、运行方式多变、整定计算不能满足系统运行要求的情况，应按整定规程进行取舍，侧重防止保护拒动，备案注明并报主管领导批准。

　　安排运行方式时，应分析系统运行方式变化对继电保护带来的不利影响，尽量避免继电保护定值不适应的临时性变化。

　　一般而言，保护的动作速度越快，误动的可能性越大。因此，对于要求快速动作的保护大都添加了一些闭锁条件作为辅助判据，以兼顾其选择性和速动性。但是，在某些极特殊的情况下，闭锁条件可能会导致保护装置的拒动。

【案例分析】 某 220kV 变电站故障靠一次导线烧断终结

某 220kV 变电站的主变低压侧发生短路故障，当时变压器高压侧的后备电流保护采用经高压侧低电压闭锁的逻辑，由于故障发生在变压器低压侧，高压侧电压未达到低压闭锁开放定值而未能动作出口。后因故障电流窜入站内直流系统并将其硅链烧毁，造成全站直流消失，全站各保护均无法动作，故障一段时间后经站内 110kV 系统发展为 220kV 侧故障，变电站对侧所有线路的保护装置均由于故障由区外发展到区内的时间超过了保护装置的开放时间而闭锁，最终故障靠烧断一次导线而终结。

1. 1. 18　智能变电站保护设计的要求

【主要内容】

智能变电站的保护设计应坚持继电保护"四性"，遵循"直接采样、直接跳闸""独立分散""就地化布置"原则，应避免合并单元、智能终端、交换机等任一设备故障时，同时失去多套主保护。

有扩建需要的智能变电站，在初期设计、施工、验收工作中，交换机、网络报文分析仪、故障录波器、母线保护、公用测控装置、电压合并单元等公用设备需要为扩建设备预留相关接口及通道，避免扩建时公用设备改造增加运行设备风险。

【分析说明】

"直接采样、直接跳闸""独立分散""就地化布置"是我国继电保护专业现阶段的技术方向。与传统形式的变电站相比，智能变电站内共用系统、共用设备相对较多，为避免"一失万无"，智能变电站在设计阶段就必须认真对合并单元、智能终端、交换机等公用设备损坏或检修时可能带来的影响进行评估，尽量减少单一设备因异常或检修等原因退出运行时对保护设备的影响，至少应保证不同时失去多套主保护。

对于有扩建需要的智能变电站，为尽量避免扩建工程时改造已运行公用设备对运行系统的威胁，在初期设计、施工、验收工作中，需要考虑交换机、网络报文分析仪、故障录波器、母线保护、公用测控装置、电压合并单元等公用设备预留通道及相应接口。

1. 1. 19　保护装置对时系统的要求

【主要内容】

保护装置不应依赖外部对时系统实现其保护功能，避免对时系统或网络故障导致同时失去多套保护。

【分析说明】

一般而言，传输数字信息的网络通信系统大多对对时系统有较大程度的依赖。而在电力系统发生故障时，极有可能伴随有站内辅助设备（包括对时系统）的异常，继电保护如果以发生异常的外部因素作为保护动作的依赖条件，则可能会导致保护装置的不正确动作。

例如线路纵差保护、智能变电站的变压器和母差保护，甚至按双重化原则配置的保护等，假如保护装置的采样同步功能均需要依赖于外部时钟才能完成，则一旦对时系统因故出现异常，则有可能引起保护装置的不正确动作，后果不堪设想。因此，保护装置应尽量减少对不必要的外部因素的依赖，不允许依赖于外部对时实现保护功能。

1.1.20 保护装置网络配置的要求

【主要内容】

220kV 及以上电压等级的继电保护及与之相关的设备、网络等应按照双重化原则进行配置。任一套保护装置不应跨接双重化配置的两个过程层网络。如必须跨双网运行，则应采取有效措施，严格防止因网络风暴原因同时影响双重化配置的两个网络。

【分析说明】

为保证电网的安全稳定运行，保证继电保护装置动作的快速性和可靠性，220kV及以上电压等级的设备应按双重化的原则配置保护。智能变电站的二次系统结构虽然与传统变电站有所不同，双重化的原则仍须坚持，并且，与保护相关的设备、网络也应按双重化的原则进行配置。为防止网络风暴等原因造成智能变电站网络设备同时瘫痪进而导致同时失去两套保护，应避免一套保护跨双网运行。

1.1.21 同屏保护装置电缆、光缆配置的要求

【主要内容】

若双重化配置的保护装置组在一面保护屏（柜）内，当保护装置退出、消缺或试验时，应做好防护措施。同一屏内的不同保护装置不应共用光缆、尾缆，其所用光缆不应接入同一组光纤配线架，防止一台装置检修时造成另一台装置陪停。为保证设备散热良好、运维便利，同一屏内的设备纵向布置要留有充足距离。

【分析说明】

随着智能化保护技术的不断发展，智能化保护屏间及屏内连线大大减少，双重化保护装置可能共组一面屏（柜）。为保证运维、检修工作的安全，双重化保护装置共组一面屏时不应共用光缆、尾缆，双重化配置的两套保护的光缆不应接入同一组配线架，与此同时，还应妥善考虑屏内设备的有效散热问题。

1.1.22 交换机虚拟局域网（VLAN）划分的要求

【主要内容】

交换机 VLAN 划分应遵循"简单适用，统一兼顾"的原则，既要满足新建站设

备运行要求，防止由于交换机配置失误引起保护装置拒动，又要兼顾远景扩建需求，防止新设备接入时多台交换机修改配置所导致的大规模设备陪停。

【分析说明】

VLAN 技术是一种从逻辑上将局域网内的设备划分成不同的网段，从而实现虚拟工作组数据交换的技术。合理的 VLAN 设置方案可实现减少碰撞和广播风暴、增强网络安全性的目的，是变电站智能设备安全、可靠运行的前提。智能变电站的 VLAN 划分既要满足现阶段的运行要求，也要考虑今后扩建、技术改造时的便利性，尽量防止扩建时修改运行的公用交换机 VLAN 配置，导致大规模设备陪停。

1.1.23　智能变电站设备厂家选择的要求

【主要内容】

为保证智能变电站二次设备可靠运行、运维高效，合并单元、智能终端、过程层交换机应采用通过国家电网公司组织的专业检测的产品，合并单元、智能终端宜选用与对应保护装置同厂家的产品。

【分析说明】

为促进保护厂家提高产品质量，防止不合格产品进入电网对安全稳定运行造成威胁，应加强二次设备的质量监督工作，对各类新设备开展专业检测，督促厂家将设备缺陷解决在投入运行之前。合并单元、智能终端与保护装置选用同一厂家产品，可以在最大程度上实现整套保护功能的统筹考虑，从而提升继电保护的整体性能。除此之外，还可降低设备生产厂家不同所带来的运维困难。

1.1.24　故障录波器厂家选择的要求

【主要内容】

故障录波器应选用独立于被监测保护生产厂家设备的产品，以确保保护装置运行状态及家族性缺陷分析数据的客观性。

【分析说明】

近年来在运行中发现，同一厂家在同一时段开发的保护装置大多是在相同的平台上进行设计，主要差异体现在软件上。当平台因设计考虑不周出现问题时就难免在不同原理的装置上出现家族性的缺陷。为此，除保护应采用不同厂家的产品之外，作为事故分析重要依据的故障录波器，如采用与保护装置相同的平台设计，在复杂事故的分析和处理时，有可能会给事故原因分析带来困扰。为体现"运动员"与"裁判员"分离的原则，确保全生命周期管理信息的客观性，应采用第三方产品作为保护状态监视和性能评价的产品。

1.1.25　SCD 文件过程管控的要求

【主要内容】

应加强 SCD 文件在设计、基建、改造、验收、运行、检修等阶段的全过程管控，验收时要确保 SCD 文件的正确性及其与设备配置文件的一致性，防止因 SCD 文件错误导致保护失效或误动。

【分析说明】

智能变电站的 SCD 文件是具有唯一性的全站系统配置文件，SCD 文件描述了智能变电站的一次系统结构、所有 IED 的实例配置信息、通信访问点的位置和地址，以及 IED 之间的互联关系等，是全站统一的数据源。SCD 文件的正确性及其与设备配置文件的一致性对变电站乃至整个电网的安全运行至关重要。因此，从设计阶段开始，在基建、验收、运行、改造以及检修等全过程都必须对 SCD 文件实施严格管控。

1.2　厂站自动化设备

1.2.1　对系统结构的要求

【主要内容】

（1）变电站监控系统由站控层和间隔层设备组成，宜采用以太网方式连接，并应符合现行行业标准《变电站通信网络和系统》（DL/T 860）的有关规定。

（2）站控层应提供站内运行的人机联系界面，实现管理控制间隔层设备等功能，形成全站监控、管理中心，并与调度控制中心通信。

（3）间隔层应实现面向单元设备的监测控制等功能，在站控层及网络失效的情况下，应能独立完成间隔设备的就地监控功能。

（4）监控系统网络应实现站控层、间隔层设备之间的通信，可传输 MMS 与 GOOSE 报文，传输速率应不低于 100Mbit/s。

（5）监控系统应具备合理的网络架构和信息处理机制，在正常及事故状态下不能因为网络负荷过重而影响系统正常运行，网络拓扑结构宜采用星型。

（6）220kV 及以上电压等级变电站监控系统网络应采用双网冗余配置，110（66）kV 变电站宜采用单网配置。

【案例分析】　监控系统单套配置不符合要求

某 220kV 变电站在设计阶段监控系统采用了单套配置，不满足 220kV 及以上电压等级变电站监控系统网络应采用双网冗余配置的要求。

1.2.2 对硬件设备的要求

【主要内容】

(1) 监控系统站控层设备应按变电站终期规模配置，宜包括监控主机、操作员站、数据通信网关机、工程师站、五防工作站和综合应用服务器等。

站控层设备应符合下列规定：

1) 监控主机宜双机冗余配置，应具有系统主处理器及服务器的功能，用作站控层数据的收集、处理、存储及应用。

2) 操作员站宜与监控主机集成，1000kV 变电站可独立双套配置；操作员站应提供站内运行监控的主要人机界面，实现对全站一次、二次设备的实时监视和操作控制。

3) 220kV 及以上电压等级变电站 Ⅰ 区、Ⅱ 区数据通信网关机宜双套配置；110kV 变电站 Ⅰ 区数据通信网关机应双套配置，Ⅱ 区数据通信网关机应单套配置；Ⅲ/Ⅳ 区通信网关机可单套配置；数据通信网关机应实现变电站与调度、运维主站系统之间的通信，为主站系统实现变电站监视控制、信息查询等功能提供数据、模型和文件的传输服务。

4) 工程师站宜与监控主机集成，1000kV 变电站可独立单套配置；工程师站应实现监控系统的维护和管理，完成数据库及系统参数的定义和修改、网络维护、系统诊断等工作。

5) 五防工作站宜与监控主机集成，应具备全站设备操作的防误闭锁逻辑，可进行操作预演，检验、打印和传输操作票，实现对一次设备的防误闭锁功能。

6) 综合应用服务器宜单套配置，应能接收站内一次设备状态监测数据、辅助设备数据和设备基础信息等，实现集中处理、分析和展示。

(2) 监控系统测控装置宜按工程本期规模单套配置，实现各间隔就地监控，具有数据采集、控制操作、防误闭锁和同期检测等功能。测控装置应符合下列规定：

1) 应按断路器配置测控装置；对 3/2 断路器接线，进、出线测控可独立配置，也可与边断路器测控装置集成；主变、高抗本体宜单独配置测控装置；母线宜按段单独配置测控装置。

2) 测控装置的 I/O 回路数量应满足本间隔信号数量的要求，并预留备用；测控装置在组屏时应按电气单元设置"远方/就地"切换开关或硬压板和经五防闭锁的断路器手动操作开关。

(3) 监控系统网络设备应符合下列规定：

1) 网络设备应按双网独立配置；接入站控层设备的网络交换机的端口数量宜按

变电站远景规模配置，接入间隔层设备的网络交换机的端口数量宜按变电站本期规模配置。

2）网络交换机应采用工业级设备，传输速率应不低于 100Mbit/s，可采用光/电两种接口型式；网络连接线缆宜采用光缆或屏蔽双绞线。

（4）监控系统信息安全防护设备包括防火墙、纵向加密认证装置、单向安全隔离装置和网络安全监测装置等。变电站监控系统的安全防护应符合《电力监控系统安全防护规定》（国家发展和改革委员会令 2014 年第 14 号）的规定。

【案例分析】 测控装置开入接点未留有备用

某变电站在新建时，测控装置的开入节点全部使用，未考虑后期增加信号的情况，不满足测控装置的 I/O 回路数量应满足本间隔信号数量并预留备用的要求。

1.2.3 对软件系统的要求

【主要内容】

（1）变电站监控系统的软件应包括操作系统、数据库、应用软件及网络通信软件等。

（2）软件系统的可靠性、兼容性、可移植性、可扩充性及界面友好性应满足变电站本期及远景规划要求。

（3）变电站监控系统应采用成熟、安全的操作系统。

（4）数据库的规模应能满足监控系统基本功能全部数据的需求，并适合各种数据类型。数据库的各种性能指标应能满足系统功能和性能指标的要求。

（5）应用软件主要用于完成变电站的各种监控应用，应包括实时监视、异常报警、控制操作、统计计算、报表打印、网络拓扑着色和电压无功控制等。应用软件应采用模块化结构，具有良好的实时响应速度和可扩充性。

（6）网络通信软件应满足计算机网络各节点之间信息的传输、数据共享和分布式处理等要求。

【案例分析】 监控系统软件版本与主机系统不兼容

某新上变电站监控系统软件为南瑞科技，其软件版本 V7.00，与对应的 35kV 及以上变电站监控主机系统软件推荐版本细化信息表中不符合，不满足软件系统的可靠性、兼容性、可移植性、可扩充性及界面友好性应满足变电站本期及远景规划要求。

1.2.4 对数据采集的要求

【主要内容】

（1）变电站监控系统应通过测控装置 I/O 单元实时采集模拟量、开关量信息，通过网络通信接收其他设备的数据。

（2）模拟量的采集应包括电流、电压、有功、无功、功率因数、频率以及温度等信号。

（3）开关量的采集应包括断路器、隔离开关和接地开关的位置信号，变压器分接头位置信号，继电保护和安全自动装置动作及报警信号，一次设备、二次设备和辅助设备运行状态及报警信号等。

（4）通过网络通信接收的设备数据应包括保护管理信息、电能量数据、一次设备状态监测数据和辅助设备信息等。

（5）监控系统应对采集的实时信息进行数字滤波、有效性检查、工程值转换、信号接点抖动消除和刻度计算等处理。

【案例分析】 监控系统电压互感器变比设置错误

某变电站监控系统在监控系统配置时，将母线电压 $3U_0$ 的上送变比设置错误，导致上送的数值为实际的 10 倍，不满足变电站监控系统应通过测控装置 I/O 单元实时采集模拟量、开关量信息，通过网络通信接收其他设备的数据的要求。

1.2.5 对运行监视的要求

【主要内容】

（1）变电站监控系统应实现电网运行监视和设备状态监视。电网运行监视包括对电网实时状态、测量量和电网实时运行告警信息的监视。设备状态监视包括对站内一次设备、二次设备状态信息和告警信息的监视。

（2）监控系统应提供满足运行需要的监视画面，包括电气主接线图、设备配置图、运行工况图、各种信息报告、操作票及运行报表等。

（3）监控系统宜采用表格、曲线、饼图、柱图、仪表盘和等高线等多种形式展现电网运行参数，通过流动线等方式展示站内潮流方向。

（4）监控系统宜提供多种信息告警方式，包括最新告警提示、光字牌、图元变色或闪烁、自动推出相关故障间隔图、音响提示、语音提示和短信等。

（5）监控系统可为调度控制中心等主站系统提供远程浏览和调阅服务。

【案例分析】 监控系统未配置间隔事故信号

某变电站监控系统未配置间隔事故信号，不满足监控系统宜提供多种信息告警方式，包括最新告警提示、光字牌、图元变色或闪烁、自动推出相关故障间隔图、音响提示、语音提示和短信的要求。

1.2.6 对操作与控制的要求

【主要内容】

（1）变电站监控系统操作与控制对象宜包括各电压等级的断路器、隔离开关及电动操作接地开关，变压器有载调压开关，站内其他重要设备的启动/停止。对继电保护和自动装置的远方复归及远方投退压板等可根据运行需求纳入监控系统控制。

（2）变电站操作与控制可分为四级：设备就地控制、间隔层控制、站控层控制、调控中心控制。监控系统应能实现间隔层、站控层、调控中心三级控制功能，并具备调控中心/站内主控、站内主控/间隔层控制的切换功能。设备的操作与控制应优先采用站内主控或调控中心控制方式，间隔层控制和设备就地控制作为后备操作或检修操作手段。各种控制级别间应相互闭锁，同一时刻只允许一级控制。

（3）监控系统应具有操作权限设置和操作监护功能，控制操作应按选择、返校和执行三个步骤分步实施。

（4）监控系统应能实现断路器的同期检测及操作，具备检无压合闸和检同期合闸等工作方式。

（5）所有操作控制均应经防误闭锁，并有出错报警和判断信息输出的功能。

（6）监控系统防误闭锁应符合《变电站监控系统防止电气误操作技术规范》（DL/T 1404—2015）的规定。

（7）监控系统应支持顺序控制操作，并应符合《电力系统顺序控制技术规范》（DL/T 1708—2017）的相关规定。

（8）监控系统应具有电压无功自动调节功能，能根据调度下达的电压曲线或预定的控制策略自动投切无功补偿设备或调节主变分接头，实现对控制目标值电网电压和无功的自动调节控制。

（9）顺序控制和电压无功自动调节功能可由站内主控或调控中心设定其投入/退出。

（10）所有的操作与控制应有记录，能自动生成日志，录入系统数据库，且禁止删除和修改，可供调阅和打印。

【案例分析】 未配置防误闭锁措施

某日，某 220kV 智能变电站误合母线接地开关导致带接地开关合闸，220kV 运行母线被切除，经检查发现运行人员误操作，但现场缺乏防误闭锁措施，母线带电时接地开关可以操作，导致接地开关带电合闸。

1.2.7 对远动功能的要求

【主要内容】

（1）变电站监控系统应能实现现行行业标准《地区电网调度自动化设计规程》（DL/T 5002—2021）和《电力系统调度自动化设计规程》（DL/T 5003—2017）中与变电站有关的全部功能，满足电网调度实时性、安全性和可靠性要求。

（2）Ⅰ区数据通信网关机应能同时与多个调度控制中心进行数据通信，并监视通道状态。

（3）Ⅰ区数据通信网关机应直接从间隔层设备获取调度所需的数据，实现远动信息的直采直送。

（4）Ⅰ区数据通信网关机宜采用调度数据网通道与各级调度控制中心通信，网络接口应能满足电力调度数据网双平面的接入要求，网络传输规约应符合现行行业标准《远动设备及系统 第5－104部分：传输规约采用标准传输协议集的 IEC 60870－5－101 网络访问》（DL/T 634.5104—2009）的相关规定。

【案例分析】 远动转发通道冗余性不足

某 220kV 变电站远动转发通道容量冗余性不足，在调度主站双平面扩建时，将远动数据库通道增加后，新增数据通道无法正常联调。经厂家研发检查确认，该远动装置版本上送主站转发通道默认值为 10 个，实际增加后已超过设定默认值，不支持额外的数据通道通信。通过升级远动程序版本进行通道扩容解决容量问题。

1.2.8　对信息传输的要求

【主要内容】

（1）监控系统宜通过网络接口实现与站内保护设备、计量设备、状态监测设备和辅助设备等的信息传输。

（2）变电站监控系统宜通过分区的数据通信网关机实现与站外调度控制中心、运维主站系统的信息传输。

（3）信息传输的内容及格式应标准化、规范化，符合相关标准。

（4）信息传输应满足电网运行控制的实时性、可靠性和安全性要求。

【案例分析】 测控装置设备选型错误

某日，某 220kV 智能变电站在扩建一条线路间隔时发现，该线路间隔测控与现场其他设备无法正常通信，经检查，现场光纤及二次回路均正常，在咨询厂家后发现测控装置在设备选型时选择错误，该版本测控不支持 IEC 61850 通信规约，导致无法与其他设备正常通信。违反变电站监控系统设计规程"信息传输的内容及格式应标准化、规范化，符合相关标准"的规定。

1.2.9　对信号输入/输出的要求

【主要内容】

（1）模拟量输入信号。

1）模拟量应采用交流采样，直接采集各被控安装单位电流互感器的电流和电压互感器的电压。电流输入额定值为 1A/5A，电压输入额定值为 100V（线电压）、$100V/\sqrt{3}$（相电压）。

2）直流电流和电压、温度及其他非电量信号可采用直流采样，经变送器输入，采样输入值宜为 4～20mA。

3）采样参数应满足监控系统通过计算和累加获得附录 A 中测量参数的要求。

（2）开关量输入信号。

1）开关量信号应采用无源接点输入方式，输入回路应采用光电隔离，强电输入。

2）断路器、隔离开关和接地开关的位置信号宜采用双位置输入方式；对分相操作的断路器位置信号宜采用分相和三相同时输入的方式。

3）保护动作、装置故障和失电告警等重要信号宜通过硬接点方式输入，其余保护信息可通过网络通信方式输入。

4）变压器分接头位置信号可采用硬接线点对点、BCD 码或模拟量的方式输入。

5）变电站监控系统宜按附录 B 设置开关量输入信号。

（3）开关量输出信号。

1）开关量输出信号应为无源接点，并配置遥控出口硬压板。其输出触点容量应满足受控回路电流和容量的要求，输出触点数量应满足受控回路数量的要求。

2）测控装置宜提供用于串接在电气设备操作回路中实现防误闭锁的输出接点。

3）变电站监控系统宜按附录 B 设置开关量输出信号。

【案例分析】 监控点表缺少母线闸刀位置

某日，某 220kV 变电站扩建某条线路间隔时，发现监控后台无法监视间隔正副母闸刀位置。后经检查发现一次设备及二次回路均正常，而监控点表缺少正副母闸刀位置信号，导致后台无法监控正副母闸刀位置。未满足《变电站监控系统设计规程》（DL/T 5149—2020）附录 B 开关量输入信号中所要求具备的信号。

1.2.10 其他要求

【主要内容】

（1）对时要求。

1）监控系统设备应从站内时间同步系统获得对时信号。

2）站控层设备宜采用 SNTP 网络对时方式，间隔层设备宜优先选用 IRIG - B（DC）对时方式，条件具备时也可采用现行国家标准《网络测量和控制系统的精确时钟同步协议》（GB/T 25931—2010）的网络对时方式。

3）监控系统宜具备时间同步监测管理功能，监测管理站内主要二次设备的时间同步状况。

（2）电源要求。

1）变电站监控系统的工作电源应安全可靠。站控层计算机设备宜采用交流不间断电源（UPS）供电，其余站控层设备、间隔层设备和网络设备宜由站用直流系统供电。

2）UPS 电源的设置和供电应符合现行行业标准《电力工程交流不间断电源系统设计技术规程》（DL/T 5491—2014）的规定。直流电源的设置和供电应符合现行行业标准《电力工程直流电源系统设计技术规程》（DL/T 5044—2014）的规定。

3）监控系统双重化配置的设备宜采用双重化供电回路。集中组柜的测控装置应各自配置独立的直流空气开关，与装置安装在同一面柜上。测控装置的装置电源和遥信电源应通过设置独立的空气开关进行区分。

（3）防雷与接地要求。

1）变电站监控系统应设有防雷和防止过电压的保护措施。

2）变电站监控系统的接地应符合现行行业标准《火力发电厂、变电站二次接线设计技术规程》（DL/T 5136—2012）的有关规定。

（4）电缆与光缆的选择要求。

1）变电站监控系统的电缆选择应符合国家现行标准《电力工程电缆设计标准》（GB 50217—2018）和《火力发电厂、变电站二次接线设计技术规程》（DL/T 5136—2012）的规定。

2）监控系统室内通信介质宜采用屏蔽双绞线，穿越室外的通信介质应采用光缆。室外光缆宜采用非金属加强芯光缆或铠装光缆。光缆芯数不宜大于 24 芯，每根光缆应留有备用光纤芯。

3）双重化网络不应共用一根光缆，不同类型的信号回路不应共用一根电缆。

【案例分析】 间隔层设备对时方式不统一

某日，某 220kV 变电站基建工作完成后，在试验过程中发现全站保护装置及测控均无法对时，经检查发现该变电站间隔层保护及测控装置支持 IRIG - B 对时，但规划设计阶段未考虑对时方式问题，只具有网络对时功能，导致站内各设备无法对时。违反了变电站监控系统设计规程的要求：站控层设备宜采用 SNTP 网络对时方式，间隔层设备宜优先选用 IRIG - B（DC）对时方式，条件具备时也可采用现行国家标准《网络测量和控制系统的精确时钟同步协议》（GB/T 25931—2010）的网络对时方式。

1.3 网络安全设备

电力监控系统安全防护的总体原则为"安全分区、网络专用、横向隔离、纵向认证"。安全防护主要针对电力监控系统，即用于监视和控制电力生产及供应过程的、基于计算机和网络技术的业务系统及智能设备，以及作为基础支撑的通信及数据网络等。重点强化边界防护，同时加强内部的物理、网络、主机、应用和数据安全，加强安全管理制度、机构、人员、系统建设、系统运维的管理，提高系统整体安全防护能力，保证电力监控系统及重要数据的安全。

电力监控系统安全防护总体方案的框架结构如图 1-10 所示。

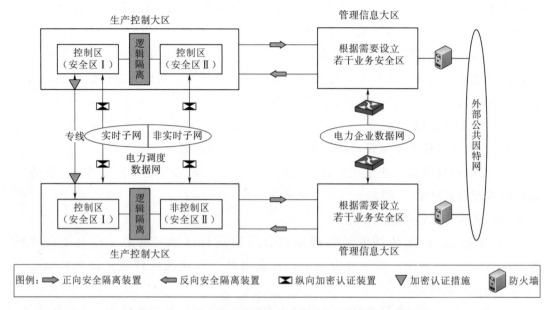

图 1-10　电力监控系统安全防护总体方案的框架结构

安全接入区的典型安全防护框架结构如图 1-11 所示。

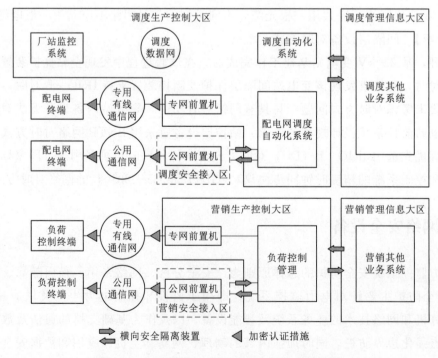

图 1-11　安全接入区的典型安全防护框架结构

（1）网络安全平台采用独立组网的形式进行网络部署，平台运行硬件按功能划分为监测装置、网关机、应用服务器、人机工作站四类，平台硬件架构图如图 1-12 所示。硬件架构要求如下：

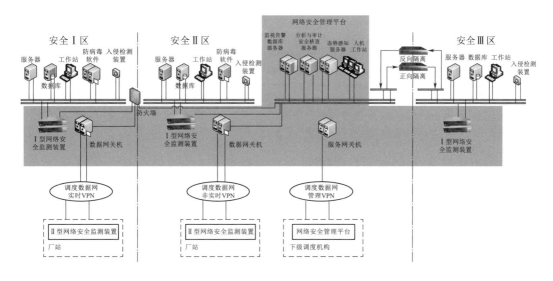

图 1-12　网络安全平台硬件架构图

1）监测装置应部署于业务系统网络内部及厂站网络边界，实现对调度自动化系统及直调厂站监控系统的数据采集。

2）服务网关机应部署于平台内外网边界，为平台间数据交换功能提供支撑，需要部署纵向网关加密卡，用于与上下级服务网关机建立隧道，实现数据的加密传输。

3）数据网关机应部署于数据网边界，为安全数据采集汇总功能提供支撑，需要部署纵向网关加密卡，用于与厂站端纵向加密认证装置建立隧道，实现数据的加密传输。

4）应用服务器应部署于平台内网，为数据存储、平台基础支撑功能、安全应用功能提供支撑。

5）人机工作站应部署于平台内网，为人机界面展示提供支撑。

（2）为保障平台基础运行环境的安全性，避免因平台运行引入新的安全风险。安全要求如下：

1）平台所有程序均应运行于操作系统用户态，且均使用非 root 用户运行，不会对操作系统安全性、稳定性造成影响。

2）平台应用程序不应存在安全漏洞，不存在后门等恶意代码。

3）应按照三权分立的原则，建立不同角色用户，实现权限相互独立、相互制约。

4）应具备统一的身份认证机制，对设备管理相关功能采用基于调度数字证书认证的技术，保障重要应用功能的安全性。

5）应具备高可用特性，当平台服务器出现单点故障时能够保证平台核心功能正常运行。

6）应保证平台核心认证服务的安全性，不在平台的网关机上存储或部署身份认证相关数据。

7）应保证平台核心存储数据的安全性，不在平台的网关机上开放平台存储服务的访问权限。

8）应保证平台与被监视业务系统的相对独立，不将平台各服务器直接接入到业务系统中，需要通过监测装置与业务系统进行通信。

9）应提供自身审计数据的查阅功能。

10）应提供管理用户授权的功能及访问控制能力。

11）应采用国家密码主管部门要求的加密算法保证数据的完整性。

12）应采用国家密码主管部门要求的加密算法实现重要业务数据的传输保密性。

13）应具备容错机制，保证通过人机接口输入的数据符合安全性要求。

14）不应存在默认口令/弱口令。

15）不应开放存在风险的无关服务和端口。

1.3.1 重要业务系统采用认证加密机制

【主要内容】

依照电力调度管理体制建立基于公钥技术的分布式电力调度数字证书及安全标签，生产控制大区中的重要业务系统应当采用认证加密机制。

【分析说明】

应具备统一的身份认证机制，对设备管理相关功能采用基于调度数字证书认证的技术，保障重要应用功能的安全性；数字证书系统主要用于生产控制大区，为电力监控系统及电力调度数据网上的关键应用、关键用户和关键设备提供数字证书服务，实现高强度的身份认证、安全的数据传输以及可靠的行为审计。

电力调度数字证书系统的建设运行应当符合如下要求：

（1）统一规划数字证书的信任体系，各级电力调度数字证书系统用于颁发本调度中心及调度对象相关人员、程序和设备证书。上下级电力调度数字证书系统通过信任链构成认证体系。

（2）采用统一的数字证书格式，采用满足国家有关要求的加密算法。

（3）提供规范的应用接口，支持相关应用系统和安全专用设备嵌入电力调度数字证书服务。

（4）电力调度数字证书的生成、发放、管理以及密钥的生成、管理应当脱离网络，独立运行。

【案例分析】 纵向装置报"证书不存在"告警

1. 告警信息

某变电站实时纵向加密认证装置发出告警：隧道建立错误，本端隧道×.×.81.124与远端隧道×.×.11.32的证书不存在。

2. 原因分析

本端隧道地址×.×.81.124为该变电站实时纵向加密认证装置的地址，远端隧道地址×.×.11.32为地调主站侧实时纵向加密认证装置的地址。远端配置了本端证书及隧道，并发起隧道协商报文，本端纵向加密认证装置收到了远端纵向加密认证装置的隧道协商报文，但由于本端没有导入对端装置的证书，导致本端纵向加密认证装置发出"证书不存在"告警。

3. 解决方案

检查证书配置，确保已经导入正确的对端装置证书。

1.3.2 安全边界采用安全防护机制

【主要内容】

安全区边界应当采取必要的安全防护措施，禁止任何穿越生产控制大区和管理信息大区之间边界的通用网络服务。生产控制大区中的业务系统应当具有高安全性和高可靠性，禁止采用安全风险高的通用网络服务功能。

【分析说明】

禁用不必要的公共网络服务；网络服务采取白名单方式管理，只允许开放SNMP、SSH、NTP等特定服务。

（1）禁用 TCP SMALL SERVERS。

（2）禁用 UDP SMALL SERVERS。

（3）禁用 Finger。

（4）禁用 HTTP SERVER。

（5）禁用 BOOTP SERVER。

（6）关闭域名解析服务（Domain Name System，DNS）查询功能，如要使用该功能，则显式配置 DNS SERVER。

【案例分析】 远动机未关闭 DNS 服务导致异常访问

1. 告警信息

某变电站实时纵向加密认证装置发出重要告警：不符合安全策略的访问，×.×.12.194访问×.×.46.151、×.×.195.68的53端口。

2. 原因分析

×.×.12.194 为变电站远动机（Linux 操作系统）地址，目的地址为非业务的未知地址。UDP 的 53 目的端口为 DNS 协议端口，DNS 协议主要用于主机名和 IP 地址

图 1 - 13　IP 地址图

的映射转换。该变电站远动机配置了不必要的 DNS 服务器的 IP 地址（×.×.46.151、×.×.195.68），如图 1 - 13 所示，导致 DNS 服务往外发出报文，被纵向加密认证装置拦截后产生告警。

3. 解决方案

（1）将/etc/resolv.conf 中 "nameserver" 地址删除，并以 root 权限在终端中输入 "service named stop" 关闭 DNS 服务。

（2）在 Linux 操作系统的 iptables 上设置访问控制策略，禁止向外发出目的端口为 53 的网络报文。

1.3.3　纵向连接处设置加密装置

【主要内容】

在生产控制大区与广域网的纵向连接处应当设置经过国家指定部门检测认证的电力专用纵向加密认证装置或者加密认证网关及相应设施。

【分析说明】

应当采用严格的接入控制措施保证业务系统接入的可信性。经过授权的节点允许接入电力调度数据网，进行广域网通信。数据网络与业务系统边界采用必要的访问控制措施，对通信方式与通信业务类型进行控制；在生产控制大区与电力调度数据网的纵向连接处应当采取相应的安全隔离、加密、认证等防护措施。对于实时控制等重要业务，应该通过纵向加密认证装置或加密认证网关接入调度数据网。

【案例分析】　纵向装置策略漏配导致日志报文被拦截

某地调主站第二接入网实时纵向加密认证装置发出告警：不符合安全策略的访问，×.×.21.189 访问×.×.0.3 的 514 端口。

1. 原因分析

源地址×.×.21.189 为下辖变电站地调第二接入网纵向加密认证装置地址，目的地址×.×.0.3 为地调主站内网安全监视平台采集服务器地址，514 端口为纵向加密认证装置日志上传的端口。因现场调试人员完成纵向加密认证装置调试后，未及时告知主站维护人员在主站纵向加密认证装置中配置该站的日志上传策略，导致日志报文被纵向加密认证装置拦截产生告警。

2. 解决方案

在主站纵向加密认证装置上添加一条源地址为×.×.21.189、端口 1024－65535，目的地址为×.×.0.3、端口 514 的访问控制策略。

1.3.4 避免形成不同安全区的纵向交叉连接

【主要内容】

安全分区是电力监控系统安全防护体系的结构基础。电网企业内部基于计算机和网络技术的业务系统，原则上划分为产控制大区和管理信息大区。生产控制大区可以分为控制区（又称安全区Ⅰ）和非控制区（又称安全区Ⅱ），应当避免形成不同安全区的纵向交叉连接。

【分析说明】

在生产控制大区与管理信息大区之间必须设置经国家指定部门检测认证的电力专用横向单向安全隔离装置。生产控制大区内部的安全区之间应当采用具有访问控制功能的设备、防火墙或者相当功能的设施，实现逻辑隔离。安全接入区与生产控制大区中其他部分的连接处必须设置经国家指定部门检测认证的电力专用横向单向安全隔离装置。

【案例分析】　保信子站网络结构不规范导致数据网双接入网窜网互联

某变电站非实时纵向加密认证装置发出告警：不符合安全策略的访问，源 IP×.×.134.165 多次访问目的 IP×.×.20.7 的 102 端口。

1. 原因分析

源 IP×.×.134.165 为该变电站的保信子站服务器调度数据网省调接入网 IP 地址，目的端口 102 为正常业务端口，用于上送保信数据。目的 IP×.×.20.7 为省调主站保护前置机。现场接线情况如图 1－14 所示。

根据数据交互要求，保信子站 A、保信子站 B 应分别接入网调数据网非实时交换机、省调数据网非实时交换机，与省调主站保护前置机建立两条冗余的通信链路，且纵向加密认证装置中也配置了对应的访问控制策略。

但由于站内网络结构不规范，该变电站内两台保信子站服务器均通过综合交换机接入网调接入网以及省调接入网，导致 IP 地址为×.×.134.165 的保信子站服务器发送的通信报文窜入网调接入网，被纵向加密认证装置拦截。

2. 解决方案

对该变电站的保信子站接入电力调度数据网的网络结构进行整改，取消保护综合交换机，现场的两套保信子站分别接入两套数据网接入设备。整改后的网络结构如图 1－15 所示。

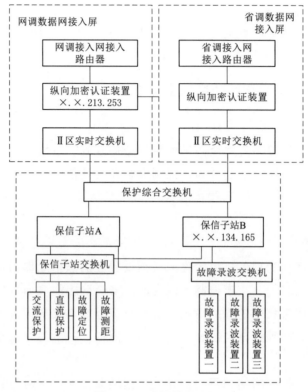

图 1-14　现场接线情况

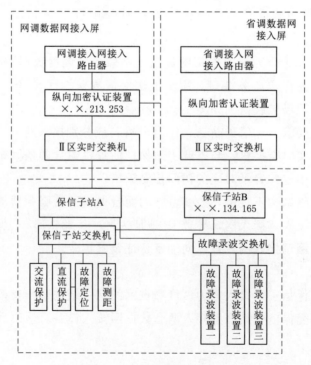

图 1-15　整改后网络结构图

1.3.5 生产控制大区禁止采用通用网络服务功能

【主要内容】

生产控制大区中的业务系统应当具有高安全性和高可靠性，禁止采用安全风险高的通用网络服务功能。

【分析说明】

安全区边界应当采取必要的安全防护措施，禁止任何穿越生产控制大区和管理信息大区之间边界的通用网络服务。

【案例分析】 远动机硬件设计缺陷导致报文窜网传输

某变电站地调接入网实时纵向加密认证装置发出告警：不符合安全策略的访问，×.×.155.1 访问 ×.×.10.1～×.×.251.14 共 52 个 IP 地址的 1032 端口。

1. 原因分析

×.×.155.1 为该站远动机的数据网 IP 地址，×.×.10.1～×.×.251.14 为与源 IP 同网段的无效地址，1032 为该远动机（型号为 PSX600）对时指令使用的正常业务端口。该远动机采用 103 规约和间隔层装置进行网络对时，对时机制是向远动机配置文件中定义的间隔层装置列表发送 UDP 报文（目的端口为 1032），间隔层装置接收到 UDP 报文后会向该远动机发起 TCP 连接进行对时。

因该远动机在发送 UDP 报文时不区分网口，会向其所有网口发送对时报文，所以报文同时也从调度数据网网口发出，被纵向加密认证装置拦截产生告警。

2. 解决方案

对远动机的通信插件进行升级消缺，确保网络报文的有序发送。

1.3.6 生产控制大区主机操作系统应当进行安全加固

【主要内容】

生产控制大区主机操作系统应当进行安全加固。

【分析说明】

加固方式包括：安全配置、安全补丁、采用专用软件强化操作系统访问控制能力，以及配置安全的应用程序。关键控制系统软件升级、补丁安装前要请专业技术机构进行安全评估和验证。

【案例分析】 输入法软件自动更新导致异常访问

某光伏电站实时纵向加密认证装置发出紧急告警：不符合安全策略的访问，×.×.9.87 访问 ×.×.41.189 的随机端口。

1. 原因分析

×.×.9.87 为 AGC 服务器（Windows 操作系统）的地址，×.×.41.189 为非业

务需求地址。现场查看 AGC 服务器系统，查看资源监视器，锁定目的地址"×.
×.41.189"为搜狗输入法调用，搜狗输入法默认开启的自动更新程序会主动连接互
联网更新服务器。

光伏电站 AGC 厂家在维护 AGC 设备数据时安装了搜狗输入法软件，输入法尝试
发起对目的地址"×.×.41.189"的访问，此访问通过站内实时交换机并尝试穿越实
时纵向加密认证装置，但因访问不匹配（图 1-16），纵向加密认证装置的访问控制策
略，导致报文被纵向加密认证装置拦截产生告警。

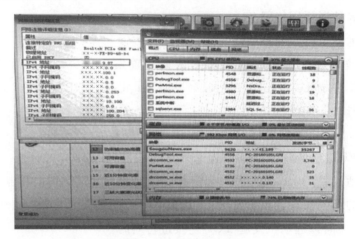

图 1-16 访问不匹配

2. 解决方案

卸载不必要的软件，操作步骤参考《国调中心关于印发 Windows 操作系统安全
加固指导手册的通知》（调网安〔2017〕169 号）加固项 Windows-01-05-01。

1.3.7 对专线通道采用必要防护措施

【主要内容】

对远方终端装置（RTU）、继电保护装置、安全自动装置、负荷控制管理系统等
基于专线通道与调度主站进行的数据通信，应采用必要的身份认证或加解密措施进行
防护。

【分析说明】

（1）调度数据网络在专用通道上使用独立的网络设备组网，在物理层面上实现与
其他数据网的安全隔离。

（2）变电站内调度数据网接入交换机严禁进行扩展级联。

（3）不同业务系统应划分不同的 VLAN 并通过单一路径实现业务系统间的互联，
避免交叉连接。

【案例分析】 保信子站网络结构不规范导致局域网报文窜入数据网

　　某变电站非实时纵向加密认证装置发出告警：不符合安全策略的访问，×.×.43.165 访问 192.168.0.×段地址的 102 端口。

　　1. 原因分析

　　×.×.43.165 为该站保信子站服务器地址，192.168.0.×为站内设备内部通信地址，102 为站内正常业务端口。通过现场排查发现保信子站网络结构不规范，间隔层交换机直接与调度数据网交换机相连，保信子站只与调度数据网交换机相连，其与间隔层设备通信的报文被纵向加密认证装置拦截产生告警。拓扑如图 1-17 所示。

　　2. 解决方案

　　对该站的接入层网络结构进行整改，断开间隔层交换机与数据网交换机的连接，保信子站服务器增加物理网卡接入间隔层交换机，并配置明细路由。整改后网络结构如图 1-18 所示。

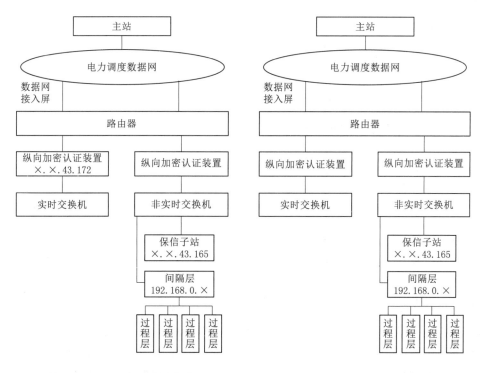

图 1-17　整改前通信拓扑图　　　　　图 1-18　整改后通信拓扑图

1.4　二次回路及安装

　　继电保护的二次回路主要包括电源、控制、信号等部分，承担着继电保护启动运行，与其他继电保护装置、一次设备、监控系统之间的连接，在继电保护的正常运行中发挥着重要的作用。

1.4.1 防止寄生回路形成的要求

【主要内容】

严格执行有关规程、规定及反事故措施，防止二次寄生回路的形成。

【分析说明】

寄生回路是指不符合设计方案设定要求的保护功能和动作逻辑。当保护存在寄生回路时，保护的动作行为可能会超出事先的预设，其后果往往是即便按照规定做了安全措施，也依然存在保护误动的可能。为防止继电保护误动事故，消除寄生回路历来都是二次系统的重要反事故措施之一。

【案例分析】 寄生回路导致主变误动

某 330kV 变电站 110kV 为双母线接线，全站共两台主变。该站退出 1 号主变第一套保护定检时，退出了相关保护跳闸出口压板（未开展电位测量），定检过程中误跳 1 号主变 110kV 侧断路器。

经查，1 号主变第一套保护屏有一根配线将跳 110kV 断路器的出口压板短接，形成了寄生回路，导致该出口压板失去隔离功能。

1.4.2 保护室电缆沟道接地的要求

【主要内容】

在保护室屏柜下层的电缆室（或电缆沟道）内，沿屏柜布置的方向逐排敷设截面积不小于 100mm^2 的铜排（缆），将铜排（缆）的首端、末端分别连接，形成保护室内的等电位地网。该等电位地网应与变电站主地网一点相连，连接点设置在保护室的电缆沟道入口处。为保证连接可靠，等电位地网与主地网的连接应使用 4 根及以上截面积不小于 50mm^2 的铜排（缆）。

分散布置保护小室（含集装箱式保护小室）的变电站，每个小室均应设置与主地网一点相连的等电位地网。小室之间若存在相互连接的二次电缆，则小室的等电位地网之间应使用截面积不小于 100mm^2 的铜排（缆）可靠连接，连接点应设在小室等电位地网与变电站主接地网连接处。保护小室等电位地网与控制室、通信室等的地网之间亦应按上述要求进行连接。

【分析说明】

保护室、分散布置保护小室（含集装箱式保护小室）等电位地网的敷设要求如下：

（1）保证保护装置的参考电位相同，避免由于参考点之间存在电位差而导致电信号传输受到干扰。

（2）材质为铜；截面为 $100mm^2$；形式为沿保护屏敷设，首尾相连，防止开断造成"等电位"被破坏。

用四根 $50mm^2$ 铜导线与主地网在同一点相连——即便主地网电位变化，等电位地网上各点依然保证电位相等，即"等电位"不受影响；各保护小室分别构建各自的等电位地网，小室的等电位地网在各自小室与主地网一点相连；不同保护小室的等电位地网如需相连，连接点应设在各自小室与主地网的连接处，严禁将小室的等电位地网串联在变电站的两个地网之间。

【案例分析】 某变电站等电位地网示意

某变电站主控室二次接地网敷设图如图 1-19 所示。

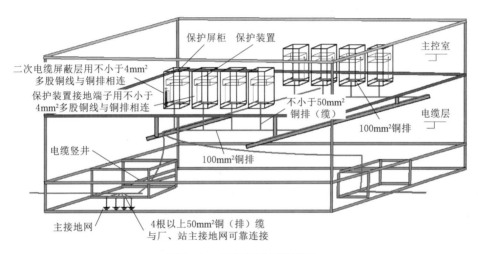

图 1-19 二次接地网敷设图

1.4.3 微机保护和控制装置屏柜接地要求

【主要内容】

微机保护和控制装置的屏柜下部应设有截面积不小于 $100mm^2$ 的铜排（不要求与保护屏绝缘），屏柜内所有装置、电缆屏蔽层、屏柜门体的接地端应用截面积不小于 $4mm^2$ 的多股铜线与其相连，铜排应用截面不小于 $50mm^2$ 的铜缆接至保护室内的等电位接地网。

【分析说明】

保护屏内设置接地铜排的初衷主要是为了解决电缆屏蔽线无法可靠接地的问题。

【案例分析】 某站接地铜牌及接地线示意图

某站接地铜牌及接地线如图 1-20 和图 1-21 所示。

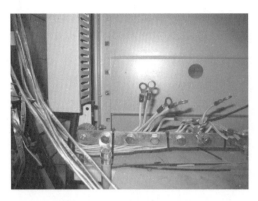
图 1 - 20　保护屏柜接地铜牌

图 1 - 21　等电位地网与保护柜相连

1.4.4　保护专用接地网不能混用

【主要内容】

直流电源系统绝缘监测装置的平衡桥和检测桥的接地端以及微机型继电保护装置柜屏内的交流供电电源（照明、打印机和调制解调器）的中性线（零线）不应接入保护专用的等电位接地网。

【分析说明】

直流电源系统绝缘监测装置为检测直流系统对地绝缘是否良好，其平衡桥和检测桥的接地端应和变电站的主地网直接连接。目的在于防止直流接地电流流经等电位地网，对保护装置形成干扰。

交流供电电源的中性线（零线）应与"火线"同缆引入。零线若接至等电位地网，交流电源接通时，工频电流将流过等电位地网，对保护装置形成干扰。

【案例分析】　交流系统零线接至交流电压 N 线造成电压互感器二次两点接地

某日，某 220kV 变电所在 220kV 电压互感器接地点检查时发现，电压互感器二次接地线上有 400mA 以上的正弦波电流，如图 1 - 22 所示。

经检修人员初步判断为电压互感器二次系统存在两点接地问题，并且可能有交流电窜入系统。经检查发现，交流加热器的零线接入交流电压系统 N 线，导致交流电源系统的接地点与交流电压接地点之间形成回路，220V 交流电经过加热器电阻、回路电阻、两个接地点之间的接地网电阻形成电流，如图 1 - 23 所示。

1.4.5　光通信设备接地要求

【主要内容】

应沿线路纵联保护光电转换设备至光通信设备光电转换接口装置之间的 2M 同轴电缆敷设截面积不小于 $100mm^2$ 的铜电缆。该铜电缆两端分别接至光电转换接口柜和光通信设备（数字配线架）的接地铜排。该接地铜排应与 2M 同轴电缆的屏蔽层可靠相连。为保证光电转换设备和光通信设备（数字配线架）接地电位的一致性，光电转换接口柜和光通信设备的接地铜排应同点与主地网相连。重点检查 2M 同轴电缆接地是否良好，防止电网故障时由于屏蔽层接触不良影响保护通信信号。

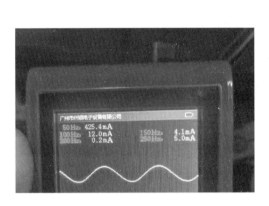

图 1-22　接地点电流图

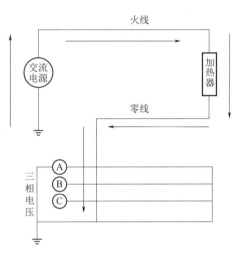

图 1-23　电流流向示意图

【分析说明】

目前我国线路纵差保护大多配置有光电转换接柜，保护装置的光信号经其转化为电信号，再通过同轴电缆接至通信光端机进行通信；为保证电信号参考点之间为等电位，减少对电信号的干扰，应采取以下措施：

（1）光电转换柜的"地"与光通信设备的"地"使用 $100mm^2$ 的铜（排）缆可靠连接。

（2）光电转换柜的"地"与光通信设备的"地"应在同一点与变电站主地网相连。

【案例分析】 未同点接地导致保护拒动

某 500kV 线路发生 B 相永久性短路故障，线路两侧第一套保护装置在故障发生时差动保护未动作，线路重合于故障时第一套保护装置差动保护与后加速保护均正常动作。经查，因机房狭小，线路第一套保护电厂侧所配置光电转换装置与 SDH 通信设备位于不同的通信机房，光电转换装置和 SDH 设备在各自机房接地，由于接地故障发生在线路的电厂侧出口，致使两通信机房地网间出现地电位差，影响了 2M 数据传输质量，造成该套差动保护因通信异常而闭锁。

1.4.6　继电保护二次回路接地要求

【主要内容】

（1）电流互感器或电压互感器的二次回路均必须只有一个接地点。当两个及以上电流（电压）互感器二次回路间有直接电气联系时，其二次回路接地点设置应符合以下要求：便于运行中的检修维护；互感器或保护设备的故障、异常、停运、检修、更换等均不得造成运行中的互感器二次回路失去接地。

（2）未在开关场接地的电压互感器二次回路，宜在电压互感器端子箱处将每组二次回路中性点分别经放电间隙或氧化锌阀片接地，其击穿电压峰值应大于 $30I_{max}$ V（I_{max} 为电网接地故障时通过变电站的最大可能接地电流的有效值，单位为 kA）。应定期检查放电间隙或氧化锌阀片，防止造成电压二次回路出现多点接地。为保证接地可靠，各电压互感器的中性线不得接有可能断开的开关或熔断器等。

（3）独立的、与其他互感器二次回路没有电气联系的电流互感器二次回路可在开关场一点接地，但应考虑将开关场不同点地电位引至同一保护柜时对二次回路绝缘的影响。

【分析说明】

互感器二次回路必须只有一个接地点，是各规程、反事故措施长期以来从未曾修改的规定，接地的主要目的是保证安全。设置接地点以及加装氧化锌避雷器时应按照以下要求：

（1）方便运行中的检修维护，维护检修时不应对其他运行中二次设备造成影响。

（2）重申电压互感器二次回路中性线上不得装设熔断器或小开关。

（3）氧化锌避雷器的参数选择和维护要求，不同二次绕组应分别装设氧化锌避雷器。

（4）互感器接地点设置在就地时，应妥善考虑把站内不同点的地电位引到同一面屏时对导线、端子排绝缘的影响。

【案例分析 1】 电压互感器两点接地导致保护误动

某日，220kV 甲乙线因雷击造成 B 相接地故障，线路两侧快速保护动作跳 B 相，重合成功。故障同时，220kV 丙丁线的第一套纵差保护启动、第二套高频零序保护动作跳 B 相开关，重合成功。

经查，220kV 丙丁线丙厂侧此前在对断路器保护进行改造时，误在电压互感器二次回路上设置了两个接地点，甲乙线发生接地故障时，丙厂侧保护测量到的零序电压 $3U_0$ 在实际故障值基础上叠加了 $3\Delta U$，导致丙丁线高频保护丙厂侧零序功率方向发生反转，丙丁线高频零序保护误动。

【案例分析 2】 电压互感器接地点断开导致保护误动

某 330kV 变电站，3/2 接线形式，2 台主变。某日，在更换 2 号主变高压侧 3312 断路器辅助保护柜时，2 号主变过激磁保护动作跳闸。

经查，现场进行 2 号主变高压侧 3312 断路器辅助保护柜更换时，误将 2 号主变保护 A 柜高压侧 N600 与电压互感器二次中性点断开。由于 B 相电压互感器二次负载较大，造成电压互感器二次三相电压中性点偏移，保护测量到的高压侧 B 相二次电压降低，A 相和 C 相电压升高，引起主变过激磁保护动作。

1.4.7　交流电压和交流电流回路接地要求

【主要内容】

交流电流和交流电压回路、不同交流电压回路、交流和直流回路、强电和弱电回路，以及来自开关场电压互感器二次的四根引入线和电压互感器开口三角绕组的两根引入线均应使用各自独立的电缆。

来自开关场电压互感器二次的 N 线和电压互感器开口三角绕组的 N 线应经各自的电缆引入控制室后在控制室一点接地。

【分析说明】

交流电流和交流电压回路、不同交流电压回路共用电缆时各交流量之间会相互影响；交流和直流回路共用电缆时会降低直流系统对地绝缘，同时会有直流接地风险，来自开关场电压互感器二次的 N 线和电压互感器开口三角绕组的 N 线若在开关并接后引入控制室，在发生接地故障时有可能会导致零序保护不正确动作。

【案例分析】　电压互感器二次和三次绕组 N 线共用导致零序方向元件拒动

若电压互感器二次和三次绕组 N 线共用时，如图 1-24 所示，假设电缆阻抗每相为 r，当发生接地故障时开口三角绕组有电压 $3\dot{U}_{Ⅲ}$，而二次三相自产零序电压为 $3\dot{U}_{Ⅱ}$，根据分压原理，二次绕组中性点将会分到 $\dot{U}_{0N}=$

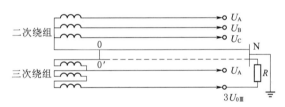

图 1-24　电压互感器二次和三次绕组共用 N 线示意图

$-\dfrac{r}{R+2r}3\dot{U}_{Ⅲ}=-\dfrac{r}{R+2r}3\sqrt{3}\dot{U}_{Ⅱ}$ 的电压，可看出因共用 N 线产生的电压与二次绕组自产零序电压方向相反，当电缆阻抗较大时，两个电压叠加之后可能改变保护装置感受到的零序电压相位，使得零序方向元件判断错误。

1.4.8　电流回路中禁止接入过电压保护器

【主要内容】

严禁在保护装置电流回路中并联接入过电压保护器，防止过电压保护器不可靠动作引起差动保护误动作。

【分析说明】

为防止电压互感器二次开路产生过电压造成电压互感器绕组绝缘损坏，某些互感器生产厂家在电压互感器二次接线端子盒处装设过电压保护器，系统中曾数次发生该"过电压保护器"在正常运行中误动的问题。

1.4.9 经长电缆跳闸的回路防误动要求

【主要内容】

对经长电缆跳闸的回路，应采取防止长电缆分布电容影响和防止出口继电器误动的措施。

【分析说明】

应重视电缆较长且涉及跳闸的回路的抗干扰问题。当二次电缆较长时，电缆对地或同一电缆芯线之间将存在较大的分布电容。对于动作较灵敏（动作功率小、动作速度快）的继电器，在线圈所连接的芯线通过芯线之间的感应达到一定的对地电位，或者直流系统发生接地，导致继电器线圈另一端对地电位发生变化时，将可能导致继电器误动。一般可采用将压板设置在继电器线圈近端或选用动作功率较大的继电器等方式避免误动。

图1-25 长电缆跳闸示意图

【案例分析】 长电缆导致继电器误动

如图1-25所示，当二次电缆较长时，二次电缆之间以及二次电缆对地将会有较大的电容，当发生直流接地时，因电容的充电作用，可能会导致继电器流过电流，若继电器为较灵敏的快速动作继电器，将发生误动。

1.4.10 保护装置直流电源配置要求

【主要内容】

控制系统与继电保护的直流电源配置应满足以下要求：

（1）对于按近后备原则双重化配置的保护装置，每套保护装置应由不同的电源供电，并分别设有专用的直流空气开关。母线保护、变压器差动保护、发电机差动保护、各种双断路器接线方式的线路保护等保护装置与每一断路器的控制回路应分别由专用的直流空气开关供电。

（2）有两组跳闸线圈的断路器，其每一跳闸回路应分别由专用的直流空气开关供电，且跳闸回路控制电源应与对应保护装置电源取自同一直流母线段。

（3）单套配置的断路器失灵保护动作后应同时作用于断路器的两个跳闸线圈。

（4）直流空气开关的额定工作电流应按最大动态负荷电流（即保护三相同时动作、跳闸和收发信机在满功率发信的状态下）的2.0倍选用。

【分析说明】

每套保护一一对应使用直流空气开关,可避免因一组空气开关断开对多套保护产生影响;断路器控制回路与对应保护使用同一组直流母线供电,可避免失去一组电源时拒动;变压器、发变组、母线以及3/2接线、桥接线等,一套保护控制两组或以上的断路器。除要求每台断路器的跳闸控制回路各自一一对应使用自己的直流空气开关外,还应保证跳该空气开关与对应的保护电源由同一组直流母线供电;单失灵跳双圈,确保切除故障的"终极手段"可靠性。直流空气开关的额定电流应能保证所带负荷在极端情况下可靠动作。

1.4.11 电流互感器极性配置正确

【主要内容】

在规划设计阶段应注意电流互感器极性是否正确,特别是在扩建或改建时,应注意电流互感器极性与其他间隔是否匹配,防止母差或主变差动保护误动。

【分析说明】

电流互感器对保护装置十分重要,电流互感器异常将导致相关的所有保护退出,在扩建或改建阶段,对于电流互感器极性设置要十分重视,极性错误将导致各差动保护正常运行情况下电流无法平衡,当负荷较大或区外故障时,保护将误动,区内故障可能会拒动。

【案例分析】 电流互感器极性错误导致母差保护有差流

某日,某220kV变电所110kV线路间隔扩建工程结束,在带负荷试验过程中发现母差保护大差电流越限。带负荷时由1号主变带110kV线路运行,从图1-26和图1-27中可知主变支路电流与线路支路电流大小相等、方向相同,且大差电流大小为两条支路电流之和。

图1-26 母差主变支路电流

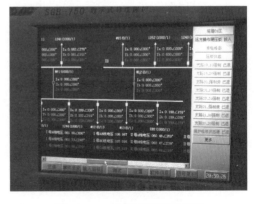

图1-27 母差线路支路电流

经检查发现,线路支路电流互感器二次极性接反,咨询基建单位后发现,设计部门设计回路时未结合现场实际运行支路，现场运行支路电流互感器极性以流出母线为正，扩建间隔电流互感器极性设计为流入母线为正，导致母差正常运行差流无法平衡。

1.4.12 闭锁回路设置要求

【主要内容】

保护装置之间的联闭锁回路要设置完全，不应有遗漏。

【分析说明】

装置之间的相互联系通过联闭锁回路进行，联闭锁回路设置不完善将会导致各保护装置、安全自动装置之间配合不当，使保护或自动装置不正确动作。

【案例分析】 35kV 母差保护闭锁备自投回路缺失

某 220kV 变电站在验收时发现，35kV 母差动作后未闭锁 35kV 母分备自投，经检查发现该变电站为智能变电站，35kV 母差保护为智能设备，而备自投为常规保护装置，图纸设计时未配置母差保护闭锁备自投的回路。发现问题后经过汇报，将 35kV 母差保护跳主变低压侧开关的跳闸回路接入主变保护手跳回路，利用手跳闭锁备自投实现母差保护动作闭锁备自投。图 1-28 所示为二次回路。

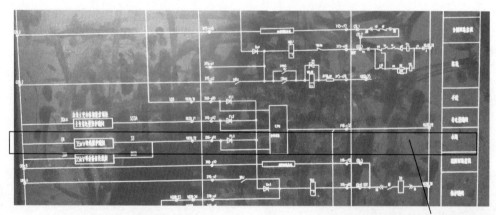

35kV母差保护跳闸接入永跳回路，将其改为接入手跳回路

图 1-28 二次回路

第 2 章

基建安装环节技术监督要点及典型案例

2.1　继电保护装置

2.1.1　所有继电保护装置相关的接线螺丝应进行紧固

【分析说明】

继电保护的二次端子接线涉及交流电源、直流电源、电流、电压、跳闸、信号等重要回路，接线螺丝不紧可能出现装置失电，电流互感器开路，开关拒动、误动，信号异常等严重后果，严重影响电网安全稳定运行。二次端子如图 2-1 所示。

【案例分析】　螺丝松动导致保护拒动

某 110kV 变电站进行全站 10kV 出线间隔保护改造，在各 10kV 间隔投产后第 5 天，某 10kV 出线出现单相接地故障，该出线开关拒动，导致越级跳 1 号主变 10kV 开关，造成事故影响扩大。现场检查发现，该 10kV 保护端子排中，用于跳该开关的"133"接线螺丝松动，导致开关拒动。

2.1.2　电缆备用芯均应配备绝缘护套

【分析说明】

继电保护装置用电缆及备用芯较多，裸露的备用芯（图 2-2）容易误碰交、直流

图 2-1　二次端子

图 2-2　备用芯未配备绝缘护套

电压端子造成电压短路、接地，严重时甚至出现误出口等严重后果。

【案例分析】 备用芯裸露导致接地

某新上 220kV 变电站内，发"某 110kV 间隔控制回路断线信号"，进一步排查发现该间隔保护屏内其中一根电缆备用芯裸露部分很长，一端误搭至直流电源"102"处，附近裸露部分贴至同一列端子排接地端子，造成电压接地，跳开该 110kV 间隔控制电源空气开关。

2.1.3 智能站 SCD 文件应正确配置

【主要内容】

基建过程中，智能站 SCD 文件应正确配置，涉及所有继电保护装置的虚端子连线均应正确配置。

【分析说明】

智能站 SCD 文件为全站配置文件，SCD 中的虚端子连线配置（图 2-3）的正确性影响着整站继电保护装置回路、动作的正确性。

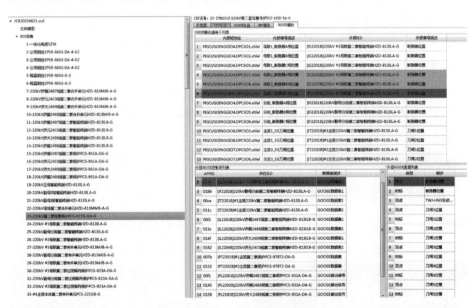

图 2-3 SCD 虚端子配置图

【案例分析】 虚端子连线错误导致备自投未闭锁

某新上 110kV 智能变电站，SCD 文件中 1 号主变 35kV 后备保护动作闭锁 35kV 母分备自投虚端子连线遗漏，在调试时发现当 1 号主变 35kV 后备保护动作时，35kV 母分备自投未收到闭锁开入，进行放电。增加该虚端子连线并重新更新 SCD 文件后，该备自投收到保护的闭锁开入，进行放电。

2.1.4 线路无压继电器动作值应正确整定

【主要内容】

基建安装过程中，线路无压继电器动作值应正确整定。

【分析说明】

线路无压继电器（图2-4）动作值应为70%线路额定电压，正确整定线路无压继电器，继电器才能正确动作。

【案例分析】 无压继电器整定错误导致误发信号

某220kV变电站新扩建一条110kV线路，由于线路无压继电器动作定值整定错误，导致该线路误发"线路电压消失信号"。

2.1.5 故障录波装置通信应保持正常

【主要内容】

基建安装过程中，变电站新上的故障录波装置均应正确联网，并保持通信正常。

【分析说明】

故障录波装置（图2-5）为变电站对站内设备状态的采集、分析、记录设备，故障录波装置应正确联网，并保持通信正常，使得主站能及时采集子站设备信息。

图2-4 线路无压继电器　　　　　图2-5 故障录波装置

【案例分析】 故障录波器未联网导致信息无法上送

某新上220kV变电站内220kV 1号、2号故障录波器未正确联网，导致部分关键设备信息不能通过故障录波器上送，影响主站对子站的监视。

2.1.6 空气开关型号的要求

【主要内容】

基建安装过程中，变电站新上的保护装置电源空气开关与控制电源空气开关型号均应满足要求。

【分析说明】

保护装置电源（图2-6）与控制电源空气开关型号应正确选择。一般装置电源空气开关型号为B4，控制电源空气开关型号为B6。

【案例分析】 空气开关型号不符合要求导致断线

某110kV变电站保护控制电源空气开关型号偏小导致正常分合闸过程中跳开控制电源，报控制回路断线，影响开关正常分合闸操作。

2.1.7 变电站自动装置母线交流电压空气开关应分相设置

【分析说明】

根据相关反事故措施要求，自动装置母线交流电压空气开关（图2-7）应分相设置，避免误拉、误跳一相电源导致自动装置误动。

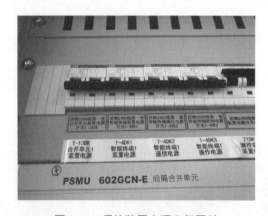 

图2-6 保护装置电源空气开关　　　图2-7 母线交流电压空气开关

【案例分析】 母线交流电压空气开关为分相设置

第一套负荷转供母线交流电压空气开关为三相联动，而第二套负荷转供母线交流电压空气开关为A、B、C单相空气开关。现场调试人员结合相关反事故措施要求，经继保科同意，将第一套负荷转供装置交流电压空气开关改为A、B、C单相空气开关。

2.1.8 变电站主变开关为分相开关时应设置三相不一致时间

【分析说明】

根据相关要求，变电站主变开关为分相开关时应设置三相不一致时间。

【案例分析】 开关三相不一致时间未整定

某新上220kV变电站1号、2号主变开关均为分相开关，验收时，开关三相不一致时间并未整定。

2.1.9　变电站主变非电量继电器均应加装防雨罩

【分析说明】

根据相关要求，变电站主变非电量继电器均应加装防雨罩（图2-8），防止长时间露天运行导致绝缘下降等因素影响主变非电量保护正常运行。

【案例分析】　未加装防雨罩导致直流接地

某新上220kV变电站2号主变压力释放继电器未加装防雨罩，运行一段时间后，报直流接地，经排查，2号主变压力释放开入回路绝缘下降。

2.1.10　智能变电站母差保护、主变保护等应开展同步性试验

【分析说明】

智能变电站母差保护、主变保护等同步性试验是装置调试的重要项目之一，SV链路延时（图2-9）等数据必须符合相应要求。

图2-8　主变防雨罩　　　　　　　　　　　图2-9　主变各侧延时

【案例分析】　主变上采样不同步导致保护误动

某新上220kV变电站，2号主变保护同步性试验未做，投产后三侧电流不同步，导致差动保护动作跳三侧开关。

2.1.11　基建现场必须要有正规的设计蓝图和厂家原理图

【分析说明】

正规的设计蓝图（图2-10）和厂家原理图是进行安装调试的依据，必须要有，且完整不可缺失。

【案例分析】　缺少厂家原理图

某新上110kV变电站，110kV线路保护厂家原理图遗失，未按照厂家原理图施工，导致后期返工整改。

2.1.12 继电保护装置背板应完整不可缺失

【分析说明】

继电保护装置背板（图 2-11）即使有板件不使用，也应插入作为备用，若背板缺失，容易进尘，长期使用可能导致板件损坏。

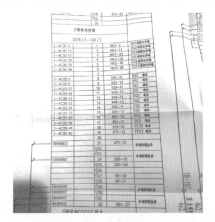

图 2-10 设计蓝图

图 2-11 继电保护装置背板图

【案例分析】 装置背板进尘导致异常

某新上 110kV 变电站，GPS 装置背板有一块备用板件缺失，长期运行后，装置进尘，GPS 出现异常告警，影响其他板件正常运行。

2.1.13 涉及接入多组母线电压的母设装置应在本屏电压端子排处一点接地

【分析说明】

涉及接入多组母线电压的母设装置，若不在本屏电压端子排处一点接地，容易出现电位差。母设接地如图 2-12 所示。

【案例分析】 多点接地导致电位差

某新上 220kV 变电站，110kV 母线分 Ⅰ、Ⅱ、Ⅲ 段，其在各段母设装置端子排内分别接地，导致多点接地，出现电位差。

2.1.14 防跳原则上应采用机构防跳，操作箱防跳应取消

【分析说明】

根据相关规定，原则上应采用机构防跳，操作箱防跳应取消。

图 2-12 母设接地图

【案例分析】 操作箱防跳与机构防跳同时生效导致开关损坏

某新上 220kV 变电站，35kV 出线开关由于操作箱防跳未取消，导致与机构防跳同时生效，出线时间配合问题导致开关损坏。

2.1.15 智能变电站设备检修不一致时应发告警信号

【分析说明】

智能变电站设备检修不一致时，继电保护装置无法正常进行配合，应发告警信号（图 2-13）。

图 2-13 告警信号图

【案例分析】 智能变电站后台未配置告警信号

某新上 110kV 变电站，某 110kV 线路合并单元与保护检修不一致，但后台告警光字牌未配置，导致未及时发现，保护功能失去。

2.1.16 线路压变 N600 应完善接地

【分析说明】

线路压变 N600 为重要回路，涉及线路电压，必须完善接地（图 2-14）。

2.1.17 母差保护动作应闭锁重合闸

【分析说明】

母差保护动作应闭锁线路重合闸功能。

图 2-14 N600 接地图

【案例分析】 母差保护动作后误触发重合闸

某 220kV 变电站新上一条 110kV 线路，110kV 母差与该 110kV 线路进行试验时，未进行闭锁重合闸试验，导致投运后若干年母线故障跳开关后，110kV 线路继续合闸导致故障。

2.1.18 母差保护闸刀位置辅助接点应采用两副并接

【分析说明】

运行中发现闸刀机构箱中的闸刀位置辅助接点存在损坏、分合不到位等不确定因素。而母差保护接收不到闸刀位置容易误判差流，严重时造成母差不正确动作。为增加可靠性，将两副辅助接点并接，减少因辅助接点损坏引起的母差保护告警，增加运行可靠性。

【案例分析】 母差刀闸位置只采用一副导致位置消失

某 220kV 变电站，某 220kV 线路闸刀位置引至 220kV 第一套母差，只有一副，当辅助接点损坏时，闸刀位置消失，母差告警。

2.2 厂站自动化设备

2.2.1 基建安装过程中所有自动化设备相关的装置背板、插排、端子排的接线螺丝应进行紧固

【分析说明】

自动化设备的二次端子接线（图 2-15）涉及直流电源、三遥等重要回路，接线螺丝不紧可能出现装置失电，遥信、遥测异常，遥控失败等异常现象，严重影响电网监视与设备操作。

图 2-15 自动化设备端子排图

【案例分析】 螺丝未紧固导致后台数据错误

某新建 220kV 变电站新上 1 号主变，在进行测控调试过程中发现 220kV 侧遥测数据中电压、有功等数据不正确。现场检查对测控端子排进行电压测量显示正确，进一步检查发现基建安装过程中未对端子排内侧 B 相电压接线螺丝进行紧固，紧固后电压、有功等数据均恢复正常。

2.2.2 基建安装过程中所有交换机、路由器等装置的备用网口、光口均应设置防尘套

【分析说明】

长时间不使用的备用网口、光口若不采取措施，容易造成网口、光口的老化、进尘，影响后续的启用效果和作用。备用光口防尘套如图 2-16 所示。

【案例分析】 备用光口未设置防尘套导致损坏

某新建 220kV 变电站 110kV 继保室内间隔层交换机计划接入 5 台 110kV 线路测控，已先接入其中 3 台，由于该工程时间跨度较长，且该交换机备用网口未设置防尘套，导致准备接入剩余 2 条 110kV 线路测控时，发现该交换机多个网口进尘、损坏，无法使用，更换整台交换机后才完成剩余 2 条新上线路测控的通信工作。

2.2.3 基建安装过程中自动化设备屏内的光纤、网线均应走槽盒、挂相应标牌并写明走向

【分析说明】

自动化设备屏中的光纤和网线摆放混乱、未挂牌、未写明走向，调试人员在工作过程中易出现误拔、误碰其他设备的相关网线，造成设备异常。光纤、网线挂牌如图 2-17 所示。

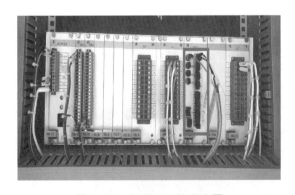 

图 2-16 备用光口防尘套图　　　　图 2-17 光纤、网线挂牌图

【案例分析】 网线未挂牌导致误操作

某 220kV 变电站新上一条 110kV 线路，在进行测控核对通信状态工作时，突报另一条运行线路的 110kV 测控通信中断。现场检查发现，该用于通信连接的间隔层交换机屏中，新、老网线均未走槽盒、摆放混乱、颜色相近且未悬挂对应标牌，导致配合接口的检修人员误拔运行的 110kV 测控通信网线，造成通信中断。

2.2.4　基建安装过程中，自动化设备应做好防干扰措施

【分析说明】

自动化设备对防干扰的要求较高，未做好防干扰措施容易出现后台机、网分等显示器显示异常问题。自动化防干扰设备如图 2 - 18 所示。

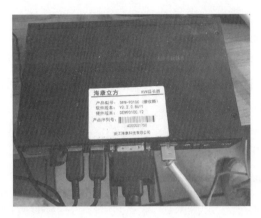

图 2 - 18　自动化防干扰设备图

【案例分析】　显示器未进行防干扰导致出现黑屏

某新上 220kV 变电站 3 号后台机显示器采用经视频延长器扩展方式。在基建过程中利用无线对讲机进行信号核对时发现，该后台机显示器经常出现闪屏、黑屏现象。经检查发现，用于该后台机的视频延长器未进行屏蔽接地，导致使用无线对讲机时对后台显示器输入造成干扰，出现闪屏、黑屏现象。完善屏蔽接地后，恢复正常。

2.2.5　基建安装过程中，间隔事故信号应关联全站事故信号

【分析说明】

根据自动化相关反事故措施要求，间隔事故信号（图 2 - 19）应关联全站事故信号。

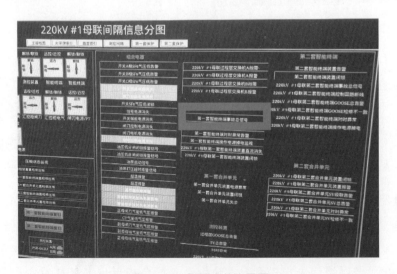

图 2 - 19　间隔事故信号图

【案例分析】 事故信号未关联影响运行人员判断

某新上 220kV 变电站，220kV 出线第一套保护间隔事故信号未关联全站事故信号。当第二套保护停用，第一套运行时，若线路出现故障，保护跳出线，此时全站事故信号并未发送，无法使监控人员直观地判断该站出线中发生故障。

2.2.6 变电站后台应包含主变三侧潮流

【主要内容】

后台应准确检测主变三侧潮流（电流、有功、无功）。主变潮流如图 2-20 所示。

2.2.7 智能变电站交换机均应配备网口表

【主要内容】

交换机网口表（图 2-21）对设备联网结构有清晰的表述，方便运行及检修人员排查。

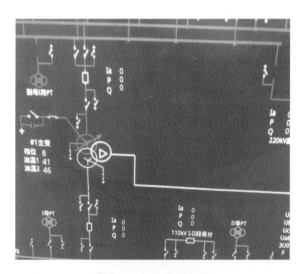

图 2-20 主变潮流图   图 2-21 交换机网口表图

2.2.8 监控后台信息名称与上送调度主站的信息名称应按照信息规范保持一致

【分析说明】

不同厂家对监控后台信息名称有不同定义。部分信息命名存在歧义给监控运行带来了一定的困扰。上送调度主站的信息名称根据《变电站设备监控信息规范》（Q/

GDW 11398—2020）规范命名，当地监控后台信息名称的统一（图 2 - 22）对于变电站设备管理和日常运行维护有一定积极意义。

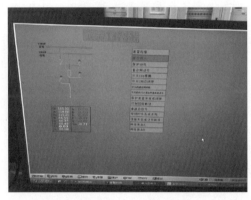

| 488 | 方岩变 | 太岩1478开关SF₆气压低告警 | 异常 | 太岩1478开关SF₆低气压报警 |
| 489 | 方岩变 | 方州1635线开关 | 变位 | 方州1635线开关 |

图 2 - 22　监控后台信息与调度主站保持一致图

2.2.9　测控装置的参数应按照测控装置参数配置单设置（遥测、遥信、遥控脉宽等）

【分析说明】

测控装置出厂设置的参数未按照测控参数配置单（图 2 - 23）设置，基建施工容易遗漏，出现自动化遥测、遥信、遥控等异常问题，影响设备正常运行和监控。

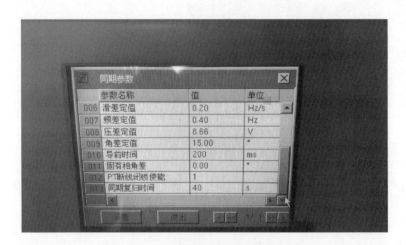

图 2 - 23　测控装置参数配置单

2.3 网络安全设备

智能变电站应安装网络安全监测装置。

【分析说明】

按照相关规程,智能变电站应配备网络安全监测装置。网络安全监测装置能全面监测、分析网络安全风险,快速处置恶意攻击、病毒感染等网络安全事件。网络安全设备如图 2-24 所示。

【案例分析】 未配置网络安全监测装置导致风险

某新上 220kV 智能变电站,未配备网络安全监测装置。该变电站电力监控系统网络存在安全风险。

图 2-24 网络安全设备图

2.4 二次回路及安装

2.4.1 基建安装过程中,继保室、电缆室应敷设符合相应规程的铜排(缆)

【分析说明】

根据十八项反事故措施要求:在保护室屏柜下层的电缆室(或电缆沟道)内,沿屏柜布置的方向逐排敷设截面积不小于 $100mm^2$ 的铜排(缆),将铜排(缆)的首端、末端分别连接,形成保护室内的等电位地网(图 2-25)。该等电位地网应与变电站主地网一点相连,连接点设置在保护室的电缆沟道入口处。为保证连接可靠,等电位地网与主地网的连接应使用 4 根及以上每根截面积不小于 $50mm^2$ 的铜排(缆)。分散布置保护小室(含集装箱式保护小室)的变电站,每个小室均应设置与主地网一点相连的等电位地网。小室之间若存在相互连接的二次电缆,则小室的等电位地网之间应使用截面积不小于 $100mm^2$ 的铜排(缆)可靠连接,连接点应设在小室等电位地网与变电站主接地网连接处。保护小室等电位地网与控制室、通信室等的地网之间亦应按上述要求进行连接。

【案例分析】 铜排不符合规格导致不能完全抗干扰

某新上 220kV 变电站 220kV 继保室内屏柜下方敷设的铜排规格偏小,未达到相应规程要求,导致该屏柜内的抗干扰能力减弱。

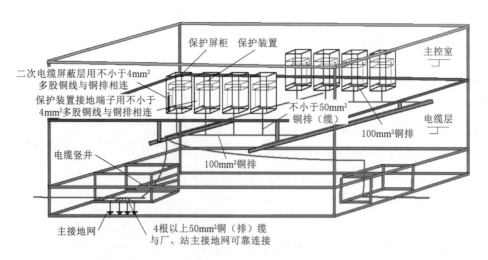

图 2 - 25　接地网图

2.4.2　基建安装过程中，继保室内微机保护和控制装置的屏柜下部应安装符合相应规程的铜排

【分析说明】

　　根据十八项反事故措施要求：微机保护和控制装置的屏柜下部设有截面积不小于 100mm² 的铜排（不要求与保护屏绝缘），屏柜内所有装置、电缆屏蔽层、屏柜门体的接地端应用截面积不小于 4mm² 的多股铜线与其相连，铜排应用截面不小于 50mm² 的铜缆接至保护室内的等电位接地网。保护装置接地如图 2 - 26 所示。

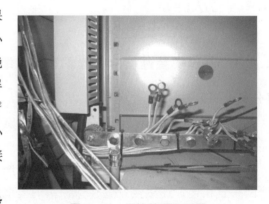

图 2 - 26　保护装置接地图

2.4.3　基建安装过程中，所有二次设备屏内端子排同一接线端子最多只接一根电缆芯

【分析问题】

　　同一端子接多芯电缆（图 2 - 27）容易导致电缆芯虚接、不可靠，影响二次回路的完整性，严重时容易导致电流互感器开路、开关拒动等后果，严重影响电网设备安全稳定运行。

【案例分析】　多根电缆芯接同一端子导致虚接

　　某新上 220kV 变电站，某 220kV 线路第二套保护屏中的母线电压为经第一套保护并接引入，由于现场第一套保护母线电压端子排为两根电缆芯并接，导致第二套保护的 A 相母线电压虚接，影响第二套保护距离保护及重合闸功能。

2.4.4　电流互感器的备用绕组应引至开关端子箱端子排并短接

【分析说明】

　　电流互感器的二次接线盒位置过高，正常运行时不便于巡视检查。检修过程需登高作业，不便于维护。如出现接线端子松动，电流二次回路开路等问题不易发现，造成严重后果。备用绕组短接如图 2-28 所示。

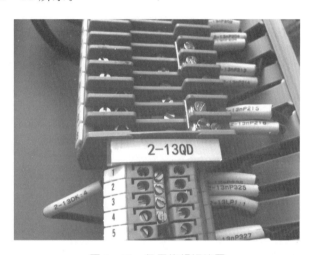

图 2-27　同一端子接多芯电缆　　　　　图 2-28　备用绕组短接图

【案例分析】　备用绕组未短接导致电流回路开路

　　某 220kV 变电站扩建一条 220kV 线路，其中一组备用绕组电流未将其引至端子排，亦未将其短接，导致投产时出现电流开路。

2.4.5　母线电压应从交流电压分屏引入

【分析说明】

　　交流电压回路的引接不规范，造成装置电压回路相互影响或产生寄生回路，对设备正常运行产生安全隐患，统一从母线交流电压分屏内引接（图 2-29），回路清楚，杜绝不必要的寄生回路对设备的影响。

【案例分析】　交流电压回路接线错误导致失去母线电压

　　某 220kV 变电站某条 220kV 线路光纤化改造，图纸设计为只引入第一套保护的母线电压，随后并接至第二套保护，但施工人员遗漏第一套并接至第二套的电缆，导致第二套保护失去母线交流电压。

2.4.6 同一保护屏内电压、电流端子安装方向应统一，中间连片通断划向应一致

【分析说明】

目前电压、电流端子安装方向缺乏统一的规定，不同安装工人安装方向不同，导致电压、电流端子中间连片通断划向不一致（图 2 - 30）。检修安措执行及恢复时容易造成误导。

图 2 - 29 交流电压分屏图   图 2 - 30 端子排连片方向不统一图

【案例分析】 连片方向不统一产生误导

某新上一条 220kV 线路保护，随后发现同一保护屏内电压、电流端子安装方向不统一，容易对执行安措人员造成误导。

2.4.7 二次接线端子排内易造成短路的相邻短接片之间应加端子排隔片

【分析说明】

二次接线端子排内相邻的短接片距离较近，容易误碰。特别是直流电源正、负电之间，交流电源 L、N 之间，出口回路正、负电之间。在检修作业过程中，误碰引起短路空气开关跳开，误出口导致开关分闸。加端子隔片有效避免检修作业过程中的误碰，降低安全风险。

【案例分析】 未加电压隔片导致短路

某 110kV 变电站新上一条 10kV 线路，端子排中交流电源 L 与 N 过近，且无电压隔片，导致 L、N 误碰造成短路。

2.4.8 保护屏内的电压端子短接片应统一安装在端子排外侧

【分析说明】

保护屏内电压端子需要短接时，过去的做法是随意在端子排内侧或者外侧短接。如果在端子排内侧短接，检修作业时需将内部短接片拆除，并划开电压端子中间连

片，给检修作业带来了不便；恢复时容易接错端子，造成保护装置告警。如发现不及时，会给运行设备带来隐患风险。短接片统一安装于端子排外侧，有利于检修作业，减少误接线的风险。

【案例分析】 电压端子短接片在内侧影响安措布置

某220kV变电站新上一条110kV线路，其保护母线电压后一级为测控电压，由于其短接片位于内侧，导致做安措后，破坏了其至测控母线电压回路，回路完整性受到影响。

2.5 其他设备

2.5.1 智能变电站基建安装过程中，就地汇控柜、就地继保室应配备热交换器或空调

【分析说明】

就地运行的继电保护装置，长期运行时受就地环境的影响容易出现装置发烫、散热不良等现象，进而导致装置运行缓慢、板件高温损坏等后果。就地未配置散热设备如图2-31所示。

【案例分析】 未配置散热设备导致板件损坏

某地夏季新上220kV智能变电站，220kV就地继保小室内220kV母差保护等设备已上电运行，但小室内空调尚未安装，由于长时间高温运行，导致220kV第一套母差保护通信板损坏。

2.5.2 智能变电站基建安装过程中，电缆沟应及时敷设盖板

【分析说明】

基建安装过程中，电缆、光缆敷设完毕后，应及时在电缆沟敷设盖板，如未及时敷设（图2-32），易造成人员、电缆、光缆误伤。

图2-31 就地未配置散热设备图

图2-32 电缆沟未及时敷设盖板图

【案例分析】 电缆沟未及时盖板导致人员受伤

　　某新上 220kV 智能变电站,光缆、电缆均已敷设完毕,但电缆沟盖板未及时封盖。某日二次调试人员在接打电话过程中误踩空导致光缆损坏。

2.5.3　智能变电站基建安装过程中,新上汇控柜、保护屏应尽早做好间隔标识

【分析说明】

　　新上汇控柜、保护屏尽早做好间隔标识有利于现场施工的便利,防止走错间隔,也便于验收工作的开展。新上设备未设置间隔标识如图 2-33 所示。

2.5.4　智能变电站基建安装过程中,新上汇控柜、保护屏均应配备照明

【分析说明】

　　汇控柜、保护屏配备照明有利于夜间工作的开展以及问题的排查。新上设备未配置照明装置如图 2-34 所示。

图 2-33　新上设备未设置间隔标识图　　　　图 2-34　新上设备未配置照明装置图

2.5.5　智能变电站基建安装过程中,电缆、光缆经过的孔洞应封堵完好

【分析说明】

　　封堵是防进水、防小动物进入的有效环节之一,做好封堵工作是基建安装不可缺少的环节。新上设备未封堵如图 2-35 所示。

【案例分析】 未封堵导致动物进入光缆层

　　某新建 220kV 变电站在基建安装调试环节,站内装置均已上电,但个别屏柜封堵未做,一段时间之后,出现某未封堵的 220kV 就地汇控柜中保护光缆被老鼠咬断。

2.5.6　35kV 开关柜屏顶小母线应加装隔板

【分析说明】

35kV 开关柜屏顶小母线是多个间隔共用，应加装隔板。

【案例分析】　未安装隔板导致误踩

某 220kV 变电站进行 35kVⅡ段某间隔扩建工作，35kV 开关柜顶未安装隔板，导致工作人员误踩踏屏顶小母线。

2.5.7　汇控箱、机构箱、端子箱内加热器安装位置与二次电缆距离不宜小于 5cm

图 2-35　新上设备未封堵图

【分析说明】

与电缆距离过近的加热器（图 2-36）长期运行会造成邻近电缆温度过高，造成二次电缆绝缘老化，存在安全风险。

【案例分析】　加热器位置不合理烧焦电缆皮

某 220kV 变电站新上一条 110kV 线路，线路压变端子箱内，加热器距离电缆很近，导致电缆温度长时间过高，电缆皮出现烧焦现象。

2.5.8　开关端子箱内交流动力电源电缆接头处应配防护罩，避免裸露

【分析说明】

间隔停电时，端子箱内交流动力电源一般属于不停电设备，端子箱内的工作存在较大的人员误碰裸露接头（图 2-37）安全风险，造成人身伤害事故。

图 2-36　加热器安装位置过近图　　图 2-37　动力电源电缆接头裸露图

【案例分析】　动力电源接头裸露导致触电

　　某新上 110kV 线路，与相邻已投运线路进行动力电源搭接后，现场施工人员误碰动力电源接头处，导致触电。经检测，发现动力电源电缆接头处裸露且未配备防护罩。

2.5.9　UPS 逆变电源应由交流及旁路两路输入

【分析说明】

　　UPS 为不间断电源，为保证供电可靠性，其电源输入应由两路，如图 2-38 所示。

【案例分析】　UPS 单电源供电导致失电

　　某新上 110kV 变电站其 UPS 只有一路电源输入，当此路电源失去时，UPS 也失去作用。

2.5.10　户外多模光缆应用铠装光缆

【分析说明】

　　光缆在无措施的情况下容易遭到小动物抓咬破坏，光纤的损坏率较高。为防止小动物的破坏，户外多模光缆应用铠装光缆。

【案例分析】　为采用铠装光缆导致光纤损坏

　　某 220kV 变电站 110kV 间隔报 GOOSE 断链，经现场检查发现，智能终端至保护的 GOOSE 光纤被小动物抓咬损坏，未采用铠装光缆。

图 2-38　UPS 双电源供电图

2.5.11　双套电力调度数据网电源应独立

【分析说明】

　　双套电力调度数据网电源应由各自母线的电源提供，相互独立。

【案例分析】　电力调度数据网电源取自同一母线导致失电

　　某新上 220kV 变电站两套电力调度数据网电源均取自同一母线段，若该母线因故障失电，则电力调度数据网失电，造成严重后果。

第 3 章

竣工验收环节技术监督要点及典型案例

3.1 继电保护装置

3.1.1 设备命名牌和熔丝、空气开关、压板、把手等正式标签应及时挂设完成

【案例分析】 设备未及时挂标签

某变电站 1 号、2 号主变第一套故障录波器空气开关无标签（图 3-1）。

图 3-1 未贴标签图

1. 原因分析

空气开关正式标签挂设不到位。

2. 解决方案

临时增加简易标签，待变电站正式投产后更换为正式标签。

3.1.2 检查控制电源与信号电源之间、控制电源与装置电源、电源之间是否有寄生回路、短路、窜电等情况

【案例分析 1】 控制电源与信号电源未独立

某变电站 1 号母联控制电源空气开关拉掉后，对二次回路的电压进行测量，发现端子仍有正电存在。而当信号电源空气开关拉掉后，对二次回路的电压进行测量，发

现端子也有存在正电。控制电源与信号电源如图 3-2 所示。

图 3-2　控制电源与信号电源图

1. 原因分析

经检查发现，1 号母联控制电源与信号电源之间存在寄生回路，造成空气开关拉掉后，回路中仍存在正电，容易产生开关误动等情况，存在安全隐患。

2. 解决方案

排查寄生回路，发现控制电源和信号电源之间有短接线短接，即电缆 801 和电缆 101 所在的端子排被短接，拆除短接线后，回路恢复正常。

【案例分析 2】　母联两组控制回路电源未独立

220kV 母联开关两组直流控制回路之间存在窜电现象，第一组直流控制空气开关合上，第二组直流控制空气开关拉开，在端子排处量得第二组直流正负电电位均为 -33V，远超正常水平。

1. 原因分析

检修人员从空气开关下端头开始排查，经端子排至智能终端背板，又回到端子排去向两组继电器，继电器对应负电端至端子排，端子排下一级到机构处，采用量一段拆一段的方式，各处电位始终为 -33V，最终窜电点位确定在机构内插排（图 3-3）。

可以看出内部线去往机构插排（图 3-4）圆圈内为怀疑窜电部位。

检查机构内部，发现有渗油痕迹且与其他 220kV 开关机构相比，220kV 母联开关机构油味十分明显。与基建人员沟通得知 220kV 母联开关机构曾进水，后续没有做过任何精益化整治。渗油情况如图 3-5 所示。

图 3-3 汇控柜端子排图

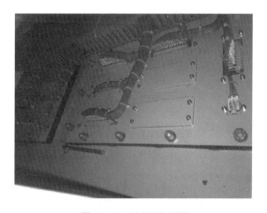

图 3-4 机构插排图

检查结果认为机构箱内插排在渗油进水后，插排绝缘下降或内部还有油、水残留，导致两组直流电之间发生窜电。

2. 解决方案

机构箱内需精益化整治，将所有元器件、二次电缆全部酒精擦拭、烘干处理。若仍存在窜电，说明早先渗油漏水发生不可逆损害，需要更换底部插排。

图 3-5 母联开关机构内部图

3.1.3 检查线路间隔电气闭锁回路是否正确

【案例分析】 电气闭锁未正确闭锁

图 3-6 开关机构箱端子排图

某变电站 110kV 线路验收闸刀时，发现当断路器处于合位时，仍能对开关线路侧闸刀以及开关母线侧闸刀进行分合，电气闭锁没有正确闭锁。

1. 原因分析

经检查发现，电气闭锁回路在开关机构箱内被短接（图 3-6），造成闸刀操作回路短接了断路器位置节点，造成断路器无论处于分位还是合位，闸刀都能进行分合操作，极易造成带电拉闸刀的情况，造成事故。

2. 解决方案

取消短接，正确接入电气闭锁，使断路器位置常开节点串入闸刀操作回路中，当断路器处于合位时，节点断开，闸刀操作回路断开，闸刀不能进行分合；断路器处于分位时，节点闭合，闸刀操作回路导通，闸刀可以进行分合操作。

3.1.4　SCD 文件应完整、正确

【主要内容】

SCD 文件应完整、正确，并视同常规变电站竣工图纸，统一由现场调试单位提供，SCD 文件按图纸资料要求和相应要求管理。SCD 文件应能描述所有 IED 的实例配置和通信参数、IED 之间的通信配置以及变电站一次系统结构，且具备唯一性。

【案例分析】　SCD 文件未通过校核

某变电站 SCD 文件未通过 SCD 管控平台正确性校核。

1. 原因分析

检查 SCD 文件发现，存在虚端子对应关系不正确、IED 模型使用不正确、通信参数设置不正确，以及某些信号虚端子存在遗漏的情况。

2. 解决方案

对 SCD 文件进行校核，检查虚端子对应情况，核对使用的 IED 模型与实际装置型号是否一致，对通信参数等进行修正等，使 SCD 文件完整、正确。

3.1.5　检查 SCD 文件中的虚端子连接应与设计图纸一致

【案例分析】　母差保护虚端子连接错误

某变电站 220kV 线路第二套保护虚端子中母差保护动作对应内部信号为远传。

1. 原因分析

施工方未按图纸施工，母差保护动作应为远跳，若为远传，可能导致故障时开关拒动，扩大停电范围。

2. 解决方案

将 SCD 文件中保护虚端子内部信号对应由远传改为远跳。

3.1.6　保护资料应齐全完备

【主要内容】

保护整定单（正式或调试整定单）应具备，型式试验和出厂试验报告（含在集成商厂家所进行的互操作性试验报告）应齐全，具有完备的继电保护技术资料。

【案例分析】　缺少调试用整定单

某变电站 220kV 线路保护在验收时缺少调试用整定单，线路保护定值均为默认定值。

1. 原因分析

施工方与设计方未进行沟通，未及时出调试用整定单，无法进行保护校验。

2. 解决方案

继保科出调试整定单，按调试整定单对保护进行调试，验证保护逻辑是否正确。

3.1.7 应具备全站网络结构图

【主要内容】

提供全站网络结构图，含 MMS 网、GOOSE 网、SV 网交换机端口分配表；全站设备 MAC 地址表、IP 地址分配表。

【案例分析】 网关机屏为附网口配置表

某变电站 I 区数据网关机屏、II 区数据网关机屏、IV 区数据网关机屏、V 区数据网关机屏屏柜后未附网口配置表。

1. 原因分析

施工方工作疏漏，未提供网口配置表，会造成检修时无法有效确认网线走向，通道对应情况，给检修工作带来额外工作量。

2. 解决方案

在保护屏柜后附网口配置表，仔细阐明每个网口连接的设备是哪些，并注明传输数据类型和功能。

3.1.8 保护屏内电缆牌、光纤标识应符合要求

【主要内容】

检查保护屏柜内电缆铭牌内容正确且安装完好，光纤标志牌应齐备，光纤弯曲度应符合要求，网口配备防尘套。

【案例分析】 电缆牌不齐全

某变电站 5 条 110kV 线路间隔保测合智一体柜电缆牌不齐，某些电缆只用胶带记录了简略信息，没有注明电缆型号、规格以及电缆走向，某些电缆则没有挂电缆牌（图 3-7）。

1. 原因分析

施工人员疏忽，导致电缆牌挂设不到位，检修人员无法判断该电缆走向以及作用等情况。

2. 解决方案

根据电缆规格、走向补充标签或将胶带标签及时更换为正式电缆牌。

图 3-7 部分电缆未挂电缆牌

3.1.9 应检验各装置异常告警功能

【主要内容】

装置告警功能检验；开关量异常告警功能检验；采样数据无效告警功能检验；采集器至合并单元光路故障告警功能检验；合并单元电路故障告警功能检验；通道断链告警功能校验。

【案例分析】 SV 二维表关联点缺失

某变电站验收时发现 SV 二维表中缺失部分断链关联点，但该链路断链时在 SOE 告警窗中有体现。

1. 原因分析

后台二维表制作过程中需要关联的信号数量非常大，厂家在制作过程中极有可能会有部分内容疏漏，SV 断链信号未在后台体现出来。

2. 解决方案

增加对应二维表 SV 关联点，并进行实际试验，验证信号正确性。

3.1.10 应检查 GOOSE 各告警功能

【主要内容】

GOOSE 中断告警功能检查：GOOSE 链路中断应点亮面板告警指示灯，同时发 GOOSE 断链告警报文，在后台界面发出告警信号。

【案例分析 1】 GOOSE 二维表关联点错误

某变电站验收时发现 GOOSE 二维表中有部分断链关联点关联错误，但该链路断链时在 SOE 告警窗中有体现。

1. 原因分析

厂家在制作 GOOSE 表时，对 GOOSE 断链信号关联错误。

2. 解决方案

修改对应二维表关联点并进行实际试验，验证正确性。

【案例分析 2】 SOE 后台未设置响应光子牌

某变电站验收时发现部分信号仅在后台 SOE 告警窗中体现，后台操作画面中没有相应光字牌。

1. 原因分析

厂家在后台光字牌制作时，遗漏了部分告警信号，没有制作出来。

2. 解决方案

增加相应信号的光字牌，并进行实际试验，验证光字牌正确性。

3.1.11　应验证保护防跳功能的正确性

【主要内容】

验证保护防跳功能是否正确，就地采用机构防跳，远方采用保护防跳。

【案例分析】　机构防跳和保护防跳同时存在

某变电站 110kV 线路试验机构防跳时发现，在就地位置时，机构防跳正确，当打到远方操作位置时，机构防跳依然存在，造成保护防跳和机构防跳同时存在，产生安全隐患。

1. 原因分析

经开关厂家现场检查，发现开关机构内部接线错误，致使无论是就地位置还是远方操作位置，机构防跳都动作。

2. 解决方案

联系厂家对机构内部线进行更改，当打到远方操作位置时，取消机构防跳。

3.1.12　应检查 GOOSE 配置的正确性

【主要内容】

GOOSE 配置文本检查，GOOSE 控制块路径、生存时间、数据集路径、应用标识、配置版本号配置正确，GOOSE 开入量、开出量动作正确。

【案例分析】　线路未收到母差保护开入且无远跳逻辑

某变电站校验某电铁线路第一套保护时，220kV 第一套母差保护动作，某电铁线路第一套保护没有收到其他保护动作开入，自身远跳开关量没有发生变位；校验某220kV 线路第一套、第二套保护时，220kV 母差保护动作，线路保护侧远传开关量变位。

1. 原因分析

按照配置要求，220kV 母差保护动作启动 220kV 线路保护远跳（其他保护动作）这一逻辑必须配置，且由于 220kV 不具备单独的就地判别装置，需要通过保护出口跳闸，故通常 220kV 线路保护采用远跳逻辑，500kV 线路保护由于有就地判别装置，可采用远传逻辑。该逻辑配置应与对侧一致。

查看对侧 500kV 变电站 SCD，220kV 线路配远跳逻辑，即本变电站 220kV 线路远传逻辑需修改。同时电铁线路需增加远跳逻辑。

本侧开关失灵时开关与电流互感器之间发生死区故障，母差保护动作跳开本侧线路开关同时线路保护收远跳，向对侧发远跳信号，由对侧保护跳开对侧线路开关从而切除故障，即该故障可以由母差保护动作直接隔离。

若远跳逻辑未配置或在对侧没有就地判别装置的情况下采用远传逻辑，则母差保护动作后，线路保护无法向对侧发远跳信号或仅发一不具备触发跳闸逻辑的远传信号，对侧开关无法第一时间跳开，将由距离Ⅱ段保护延时动作切除故障，延长了故障切除时间，增加了对一次设备的危害，威胁电网安全稳定运行。

2．解决方案

修改线路保护SCD虚端子，外部信号母差保护动作对应内部信号与对侧线路保护一致，一般220kV采用远跳逻辑，500kV采用远传逻辑。

3.1.13 母线闸刀位置与实际对应

【主要内容】

母线闸刀位置应与闸刀实际状态对应，有条件时应实际操作闸刀进行试验，否则应在闸刀辅助接点处用短接或断开闸刀辅助接点的方法进行试验。

【案例分析】 闸刀位置和间隔名称丢失

某变电站110kV母差保护掉电重启后装置间隔名称与闸刀位置丢失（图3-8）。

1．原因分析

管理板电池电压过低，导致保护某些功能模块失效，无法正确显示装置间隔名称与闸刀位置丢失。

2．解决方案

对间隔名称与闸刀位置重新进行设置。下次结合母差停役进行管理板电池更换。

3.1.14 GOOSE 链路满足相关技术规范及反措要求

【主要内容】

线路保护动作启动母差断路器失灵跳闸GOOSE链路，母差动作启动远跳、主变高压侧断路器失灵GOOSE链路，双母接线低电压和负序电压闭锁母差、主变失灵解除复压闭锁等联闭锁GOOSE链路要求，满足技术规范及反措要求。

图3-8 装置间隔名称与刀闸位置丢失

【案例分析】 主变保护无解复压功能

某变电站220kV母差保护验收试验中发现，主变支路失灵保护无解复压功能。

1．原因分析

检查发现SCD文件中，母差保护中复压闭锁回路虚端子缺失，造成无法解除失灵保护复压闭锁，可能会造成母差失灵时主变支路断路器拒动，扩大停电范围。

2. 解决方案

联系设计部门，对 SCD 文件中虚端子进行修改，完善解除复压闭锁回路，并对 SCD 文件重新下装并验证功能。

3.1.15 检查线路保护装置重合闸及闭锁重合闸功能是否满足相关技术规范要求

【案例分析】 同期合闸不需要满足同期条件

某变电站 110kV 线路间隔进行验收试验过程中发现，试验过程中发现当同期参数中压差不满足条件（图 3-9）时，遥控仍然能将开关合上。

1. 原因分析

现场检查同期参数设置正确，且状态已经满足，在检查至装置模型配置文件时发现，装置开关遥控设置有三处，分别为：索引号 33、34（110kV 线路开关）；77、78 [断路器位置（检无压）] 及 81、82 [断路器位置（强合）]，厂家分别配置成 110kV 线路开关检同期遥控、检无压遥控及开关强合三种合闸模式。询问相关厂家后得知，33、34（110kV 线路开关）点为开关强合点，因此开关同期合闸遥控配置错误导致 110kV 线路间隔同期试验不成功。

图 3-9 同期参数中压差不满足条件

在对剩余多条 110kV 线路间隔及 110kV 母联间隔进行检查时发现所有测控装置同期参数未设定正确，且装置模型配置文件同期遥控全部配置错误。

2. 解决方案

保护装置模型配置文件里，检同期遥控点 69、70 都被描述为双点遥信开入 9。需经过厂家整改将开关同期遥控重新关联至 69、70 双点遥信开入 9，并将开关检无压也重新关联至 73、74 双点遥信开入 10，并进行试验。同期试验在满足压差和频差的条件下，能够正确合闸，在不满足压差和频差的条件下，开关无法同期合闸，检无压遥控也满足试验要求。

3.1.16 自动开关量输入应与现场实际状态一致

【主要内容】

自动装置开关量输入应与现场实际状态一致。外部闭锁开入动作和内部闭锁逻辑动作均应能可靠闭锁装置。

【案例分析】 母差保护动作无法闭锁备自投

某变电站 35kV 母差保护进行闭锁 35kV 母分备自投回路验收时,发现 35kV 母差保护 Ⅰ 母母差动作无法闭锁 35kV 母分备自投,35kV 母分备自投无开入且不瞬时放电;35kV 母差保护 Ⅱ 母母差动作能够闭锁 35kV 母分备自投,35kV 母分备自投有开入且瞬时放电。检查现场回路接线发现回路经过后期改动,备自投接线方式如图 3-10 所示。

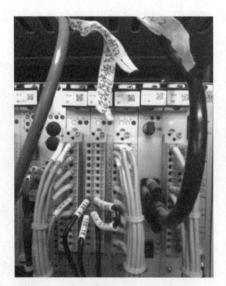

图 3-10　备自投接线方式

1. 原因分析

35kV 母差保护闭锁母分备自投回路为装置开出两副接点,分别为 X16 插件的 a18-c18 和 X16 插件 a22-c22 两副跳闸出口接点,见表 3-1,然后串联闭锁压板至 35kV 母分备自投开入。

表 3-1　　　　　　　　　　　　　　装置背板端子表

单元 19 跳闸	X16 插件 a10-c10、a12-c12 导通	单元 22 跳闸	X16 插件 a22-c22、a24-c24 导通
单元 20 跳闸	X16 插件 a14-c14、a16-c16 导通	单元 23 跳闸	X16 插件 a26-c26、a28-c28 导通
单元 21 跳闸	X16 插件 a18-c18、a20-c20 导通	单元 24 跳闸	X16 插件 a30-c30、a32-c32 导通

两副跳闸出口接点分别在装置内部设置中设置为 Ⅰ 母间隔及 Ⅱ 母间隔,因此相应的母差动作会触发接点闭合,开出给母分备自投闭锁回路;接点两端 a18、a22 及 c18、c22 分别至 35kV 母差保护闭锁 35kV 母分备自投投入压板下端头及母分备自投开入公共端,端子排上公共端为 1XD9(X16 插件 c18)、1XD10(X16 插件 c22),但是闭锁回路公共端接在 1XD10 上,且 1XD9、1XD10 之间无短接片连接,因此当 Ⅱ 母

母差动作时，35kV 母分备自投能够收到母差保护开出，而Ⅰ母母差动作不会收到闭锁开入。

实际运行时，当 35kV Ⅰ母母线发生故障导致 35kV Ⅰ母母差动作时，母差保护跳闸，但是母分备自投未收到闭锁开入，因此 35kV 母分备自投满足动作条件（1 号主变 35kV 分位），合上 35kV 母分开关，导致Ⅰ母故障延伸至Ⅱ母，扩大了事故范围。

2. 解决方案

将 35kV 母差保护屏内 1XD9、1XD10 端子排用短接片连接，分别进行Ⅰ母及Ⅱ母差动动作试验验证；且当整改回路时，需设计提供回路并完善。

3.1.17 保信子站配置的要求

【主要内容】

保信子站应独立配置，具备保护装置通信状态监视、告警功能，与保护装置通信正常，并满足相关技术规范的要求。

【案例分析】 保护信息管理机无独立设备

某变电站现场保护信息管理机无独立设备，现场准备使用原设计综合应用服务器作为保信子站。

1. 原因分析

施工设计出现疏漏，导致未购置专门的保护信息管理机，而采用综合应用服务器暂代其功能与保护装置进行通信，不满足相关技术规范。

2. 解决方案

使用独立的保护信息管理机与保护装置进行通信，综合应用服务器需作为智能变电站以后三/四区相关数据接入。

3.1.18 线路无压继电器型号、规格应符合要求，无压定值应设置正确

【案例分析】 无压继电器定值均为 30V

某变电站现场线路压变无压继电器无压定值均为 30V。

1. 原因分析

根据调控规范应为 30% 的二次电压，无压继电器设置时施工人员默认线路二次电压为 100V，因此设置为 30V，而现场实际线路二次电压为 57.7V，可能会造成无压继电器误动。

2. 解决方案

将现场线路压变无压继电器无压定值改为 18V。

3.1.19 空气开关规格应符合要求

【主要内容】

空气开关规格应满足要求，保护装置电源空气开关型号为 B2，交流电压空气开关型号为 B4，直流电压空气开关型号为 B6，控制电源空气开关型号为 B4。

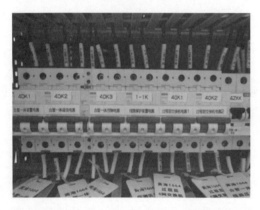

图 3-11 控制电源空气开关型号

【案例分析】 控制电源空气开关型号为 B6

某变电站 220kV 线路间隔第一组、第二组控制电源空气开关型号为 B6，与标准空气开关型号不符（图 3-11）。

1. 原因分析

施工人员为方便安装，采用统一类型的空气开关，使控制电源空气开关型号为 B6，可能造成回路越级跳闸或回路中元器件损坏的情况。

2. 解决方案

将控制电源 B6 空气开关改换为 B4。

3.2 厂站自动化设备

3.2.1 监控系统电源应符合要求

【主要内容】

监控系统主机电源应接至站内不间断电源，并且两台主机实现电源独立，空气开关需满足容量和级差的要求。

【案例分析】 监控系统主机电源未使用不间断电源

某 220kV 变电站在所用电系统倒运行方式过程中，发生变电站监控系统主机断电，监控系统主机电源（图 3-12）模块损坏。事后，检查发现监控系统主机电源直接取至所用电屏内交流电源，未按照要求取至站内不间断逆变电源。因此，变电站监控系统主机必须引接站内不间断逆变

图 3-12 监控系统主机电源

电源，避免在所用电失电时，监控系统退出运行或者造成监控系统设备故障。

竣工验收环节，对监控系统主机、综合应用服务器等交流电源设备进行电源回路检查，统一引至自动化专用逆变电源，对电源双重化的，两路交流电源应取至不同的专用逆变电源装置。

3.2.2 监控后台主接线图禁止遥控

【主要内容】

监控后台中，开启变电站主接线图禁止遥控功能，且一个遥控对象仅允许关联于一个对应的间隔分图画面。

【案例分析】 监控后台主接线图遥控功能未有效屏蔽

某变电站竣工验收时发现，变电站监控后台主接线图遥控功能未有效屏蔽，基建人员在主接线图上对变电站内断路器、闸刀等进行直接遥控，而间隔分图内的断路器遥控功能验证失败，经检查为间隔分图内的遥控对象关联错误。该情况若未被发现，则可能直接造成遥控对象失败或者误遥控出口的严重事故。监控主界面禁止遥控如图3-13所示。

验收时，重点技术监督变电站监控后台主接线图的遥控屏蔽功能，强制性要求，遥控操作时，进入相应的间隔分图界面进行操作。

3.2.3 一次、二次设备监控信息命名应统一

【主要内容】

变电站内所有一次、二次设备监控信息命名应统一，监控后台信息名称与上送调度主站的信息名称保持一致性。

【案例分析】 不同设备厂家监控信息名称不同

目前，存在较多变电站内不同设备厂家的监控信息名称有不同名称的现象。部分信息命名存在歧义亦给监控运行带来了一定的困扰。一般来说，上送调度主站的信息名称均根据《变电站设备监控信息规范》（Q/GDW 11398—2020）命名，而当地监控后台信息名称不统一（图3-14）。从而，在事故发生时，当地监控后台动作信号与调

图3-13 监控主界面禁止遥控   图3-14 监控后台信息命名不统一

度主站动作信号核对不一致或有歧义，一定程度影响了对事故的正确分析。

设备监控信息设计源头保证，尽量保证当地监控后台信息与调度主站的信息名称保持一致，并符合规范要求。

3.2.4 断路器三相不一致不采用操作箱动作信号

【主要内容】

断路器三相不一致动作信息应采用断路器机构三相不一致出口继电器接点或其重动接点，不采用操作箱内三相不一致动作信号。

【案例分析】 短路其三相不一致采用操作箱接点

图 3-15 "断路器三相不一致"误发信

某运行变电站 220kV 线路发生单相故障重合成功时，监控系统发"三相不一致动作"信号，现场检查三相不一致继电器未动作，该信号属于误发信（图 3-15）。经检查发现，"三相不一致动作"信号取至操作箱内"三相位置不对应"接点，在断路器单相跳闸时，接点动作，而断路器机构内部三相不一致继电器未实际动作。

整改"断路器三相不一致动作"信号的发信源头，取消操作箱的三相不一致信号上送，仅将断路器机构箱内的三相不一致信号上送，若不满足整改条件，设置测控装置的三相不一致开入防抖长延时，防止线路发生单相故障时误发信息。

3.2.5 全站事故总和间隔事故总信号应符合要求

【主要内容】

全站事故总信号应将各电气间隔事故信号逻辑或组合，采用"触发加自动复归"方式形成，各间隔应具备间隔事故总，间隔事故信号应选择断路器合后位置与分闸位置串联生成。

【案例分析】 合后接点松动导致误发事故总信号

某 220kV 变电站竣工验收，遥控 220kV 母联断路器分闸试验时，误发 220kV 母联间隔事故信号。检查二次回路，发现该断路器合后继电器接线松动，在遥控分闸时，合后接点未正确返回，导致事故总信号误动作（图 3-16）。

按照事故总信息整治要求，对事故总形成回路进行检查，并在遥分及手分断路器时，检查事故总有无误发的现象。同时，线路故障重合闸成功时不漏发事故信号，测控装置或智能终端内设置150ms的事故总信号防抖延时。

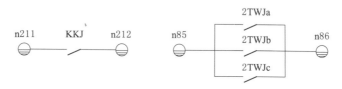

图3-16 KKJ与TWJ接点串联生成事故总信号

3.2.6 监控系统上显示的线路、主变、电容器、电抗器等设备的潮流方向应按照规范化要求设置

【案例分析】 主变三侧潮流方向不一致

某变电站在基建投产时发现，1号主变三侧潮流量计算不平衡，其中1号主变高压侧潮流为正值，中低压侧潮流也为正值，三侧潮流量相加不为零。经检查发现，主变中低压侧电流方向极性为主变指向母线，而监控系统数据库未调整潮流量方向，导致潮流计算量不平衡。该情况需调整中低压侧电流极性方向，或将数据库系数调整为负值。主变各侧潮流平衡如图3-17所示。

图3-17 主变各侧潮流平衡

按照规范要求，线路、主变等一次设备有功和无功参考方向以母线为参照对象，送出母线为正值，Ⅰ段母线送Ⅱ段母线为正值，Ⅱ段母线送Ⅲ段母线为正值，正母送入副母为正值，反之为负值。电容器、电抗器的无功的参考方向以该一次设备为参照对象，送出该一次设备为正值，反之为负值。

3.2.7 通信设备 IP 地址应唯一

【主要内容】

变电站站控层及间隔层通信设备的 IP 地址应统一分配，保证 IP 地址的唯一性，避免设备通信异常的事件发生。

【案例分析】 测控 IP 地址冲突

某 220kV 线路断路器监控后台遥控成功率低，检修人员现场更换测控装置 CPU 板及开出板，监控后台遥控成功率未见明显提高。现场人员拔出测控装置 A、B 网网线后，后台未发通信中断信号，通过 ping 命令测试装置 IP 地址 A 网（×.×.1.64）、B 网（×.×.2.64），均能正常 ping 通，判断站内存在与该测控装置 IP 地址冲突的装置，经过检查发现主变隔直测控装置 IP 地址与该 220kV 线路测控地址冲突。更改主变隔直测控装置 IP 地址后，后台及监控遥控该 220kV 线路断路器成功。因此，需要对站内所有通信设备统一分配地址（图 3-18），避免通信异常。

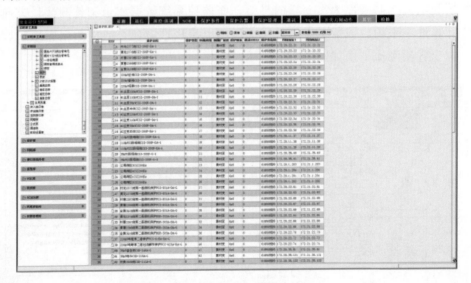

图 3-18 全站通信地址统一分配

因部分设备 IP 地址冲突不能及时发异常信号，基建竣工验收时，监控系统集成厂家应提供全站的通信地址分配表，通信设备的 IP 地址不应冲突。条件具备时，在全站设备通信均正常的情况下，进行设备 IP 地址检测核对试验。

3.2.8 测控装置参数应符合要求

【主要内容】

测控装置所设置的定值参数，如防抖时间、遥控出口脉宽、同期参数、死区定值等，应与测控参数配置单核对一致。

【案例分析】 测控防抖时间未设置导致信号误发

220kV 线路断路器监控分闸遥控正常操作时，开关分闸成功，同时监控后台及 OPEN3000 系统发事故分闸及全站事故总信号，7：22：26 间隔事故信号复归。正常情况下，开关遥控分闸时，间隔事故信号不应动作，该信号属于误发（图 3-19）。

检查监控后台历史记录与调度主站历史记录一致，远动全站事故总信号参数配置正确，后台数据库间隔事故总信号采用硬接点方式上送。排除自动化监控配置问题，怀疑间隔层信号回路不正确。进一步检查发现，间隔事故信号取至继保操作箱 CZX-12R1 的"启动事故音响信号"。"启动事故音响信号"采用操作箱的断路器跳位 TWJ 接点和带延时的手合 KKJ 接点串联后发出，两副接点存在配合时间差问题（遥控开关分位时，KKJ 未瞬时返回，

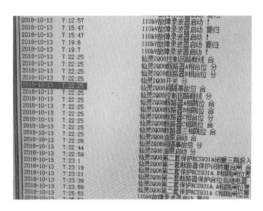

图 3-19 测控遥信防抖时间未设置
引起的信号误发

导致两个接点同时动作），现已通过在线路测控对该间隔事故信号设置防抖时间，来防止间隔事故信号误发。

竣工验收时，测控装置按照参数配置单的推荐定值进行设置，特别对间隔事故总防抖时间、主变调档时间、遥测变化死区、零值死区、同期定值等进行合理性检查。

3.2.9 220kV 线路、母联断路器同期、无压功能应验证正确

【案例分析】 测控同期定值设置错误导致无法同期合闸

某 220kV 变电站发生多次调度主站遥控同期合闸 220kV 断路器不成功事件。现场检查，遥控二次回路符合设计要求，进一步检查测控装置与检同期功能相关的压板和同期定值主要有：合闸方式为自动合闸；同期电压定值设置为 57.7V。

初步诊断为测控装置的同期定值设置不当（图 3-20），现场实际的同期电压二次额定值为 100V，而测控装置整定为 57.7V，导致了遥控同期合闸时，两侧电压差大于压差闭锁定值，同期遥控闭锁。测控同期定值一般为厂家出厂默认值，大部分情况与现场不符，需进行人工定值设置。在新投和改、扩建工程的验收中，对测控装置的检同期、无压合闸功能应严格把关。

图 3-20 同期定值设置不当导致遥控失败

220kV 线路开关、母联开关应具备强合、检无压合闸、检同期合闸三种方式，按照强合、检无压合闸、检同期合闸建立不同的实例 CSWI。功能验证时，同期、无压定值正、反逻辑校验均应正确。

3.2.10　GIS 设备逻辑闭锁功能应完整

【主要内容】

对 GIS 变电站设备，测控装置应检查间隔内和跨间隔逻辑闭锁功能完整，联闭锁文件与站控层可视化联闭锁文件一致。

【案例分析】　间隔逻辑闭锁错误导致遥控失败

某 220kV GIS 线路间隔检修试验，线路闸刀 3G 遥控时，线路闸刀 3G 遥控失败。现场 GIS 一次设备状态，其中开关母线侧地刀 1GD、开关 DL、开关线路侧地刀 3GD1、线路地刀 3GD2 等设备均在分位，均满足线路闭锁逻辑表状态各项操作条件，并且测控装置报测控逻辑闭锁信号。经检查测控装置间隔逻辑闭锁判定条件，误将逻辑条件中的线路地刀 3GD2 分位关联成合位（图 3-21），导致逻辑闭锁不通过，遥控失败。

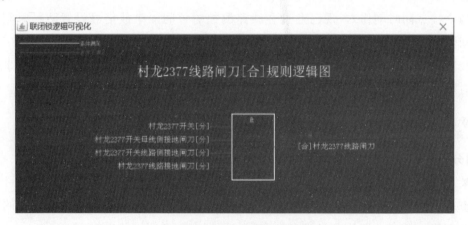

图 3-21　联闭锁逻辑不正确

变电站投运后，基本不具备完整的联闭锁验证条件，因此在变电站竣工验收时，要对各间隔内或跨间隔之间的联闭锁逻辑进行完整性验证，保证间隔层联闭锁及站控层联闭锁均正确。

3.2.11　两台数据通信网关机应独立运行

【主要内容】

两台数据通信网关机应采用双主工作模式，各自独立直流电源供电，一台数据通信网关机故障，不影响另外一台主机的运行，厂站与主站能正常交换数据。

【案例分析】 两台数据通信网关机未完全独立

某 110kV 变电站正常运行时，第一接入网三路 104 通道退出。1 号、2 号数据通信网关机采用 ISA-301C 型装置，两台装置互为主备模式，第一、第二接入网通过装置背板上两个独立网口同时接入两台装置。现场检查发现，1 号数据通信网关机为主机状态运行，2 号数据通信网关机为备机热备用状态（图 3-22），其中第一接入网与主站通信所有通道均中断，第二接入网通道均正常。将主机手动切换至 2 号主机，第一及第二接入网通道均正常。

图 3-22 数据通信网关机主备模式

因 1 号主机与主站通信未完全中断，初步怀疑其通信板与第一接入网通信的网口故障。将 1 号主机内与第一接入网通信网口配置删除，重新配置至通信扩展板网口后，重启 1 号主机，第一接入网通道恢复正常。

该站数据通信网关机采用主备模式，若出现其中一台故障时，可能对第一、第二接入网通信均有影响。竣工验收时，要特别注意两台数据通信网关机的工作模式，应采用双主模式运行，装置电源相互独立，避免全站通信中断的事件发生。

3.2.12 省调转发表、地调转发表应单独管理，两张转发表应具备唯一性

【案例分析】 调度主要主机和备调接收数据不一致

某 220kV 变电站基建现场，数据通信网关机更改参数下装配置后，调度主站主调前置主机与备调前置主机接收的基建间隔遥测数据不一致。检查数据网关机转发表配置文件，主调与备调遥测转发表为单独的配置文件，其中备调转发表的基建间隔遥测系数设置错误，从而导致调度主调与备调通道数据不一致。

数据通信网关机各级调度转发表应保证唯一性、正确性。数据库维护时，应将备份文件与新配置文件进行核对，确保各级调度转发表完全一致（图 3-23）。厂站验收时，与调度主站核对数据不应漏核通道。

3.2.13 上送 SOE 信号应符合要求

【主要内容】

上送的 SOE 信号配置同监控信息表一致，不应存在重要 SOE 漏送、错送等现象发生，且特别要检查 SOE 时间的准确性。

【案例分析】 上送 SOE 信号未配置导致主站无法接收

图 3-23　多通道信息转发表一致性

　　某 220kV 线路断路器跳闸后，运行人员对监控后台、保护设备、智能终端及断路器机构进行检查，保护动作信息正常。但调度主站 OP3000 系统只收到断路器变位信息，未收到保护装置跳闸事故 SOE 信号。经检查数据通信网关机数据库文件，发现该线路保护跳闸信号的上送 SOE 信号（图 3-24）选项未配置，直接造成主站无法正常接收该 SOE 信号。

图 3-24　数据通信网关机 SOE 信号上送配置

　　SOE 即事件顺序记录，当变电站设备发生遥信变位或者系统故障时，能准确记录事件发生的时间和顺序，对事后分析有着重要意义。因此，数据通信网关机上送完整的 SOE 信号至关重要。竣工验收时，调度主站核对 SOE 信号也是一项重要内容，且

SOE 信号记录必须达到至少 1ms 的分辨率。

3.2.14　数据网关机配置应符合要求

【主要内容】

　　数据网关机配置的遥测死区、电压/电流互感器变比等参数应与站内参数设置一致，保证上送主站数据正确及变化刷新正常。

【案例分析】　数据通信网关机参数设置错误

　　220kV 变电站竣工投产后，调度主站值班人员发现 OP3000 系统，220kV 母设电压长时间不刷新，电压曲线无任何波动。经核对现场监控后台遥测曲线，220kV 母设电压正常，曲线有明显的电压波动。检查数据通信网关机数据库内 220kV 母设电压变化死区参数（图 3-25），设置为 0.5%，按照典型参数推荐定值 0.05%，该参数设置过大，变电站正常运行时，母设电压的变化量不超过死区定值，调度主站数据基本无变化，曲线无波动。

图 3-25　数据通信网关机数据库参数设置

　　竣工验收时，各工程应用中，应根据现场实际情况编制遥测参数配置单，核对对测控装置、监控后台、数据通信网关机设置（表 3-2），确保变电站基础数据的正确性和完整性。

表 3-2　数据通信网关机参数核对记录表

序号	装置名称	装置 IP 地址	省调通道配置	地调通道配置	县调通道配置	零值死区	变化量死区	核对结果
1								
2								
3								
4								

3.2.15 电力调度数据网电缆布放的要求

【主要内容】

电力调度数据网屏设备线缆布放应符合设计要求，线缆标识应齐全、明晰、正确，捆扎整齐，设备的空闲端口应用标签或防尘塞封堵。

【案例分析】 布线不合理导致误插拔

电力调度数据网屏内组屏设备较多，包括调度数据网实时、非实时交换机、纵向加密认证装置、路由器等，因此电源线、网线等布置复杂，极易造成混乱，对各设备线缆布置合理性、标识正确性的要求较高，也对后续运维有着重要意义。日常检修中，经查碰到电力调度数据网屏内网线等走向不明确（图 3-26），检修维护时，造成极大不方便，同时也容易误插拔运行设备的线缆，后果严重者，导致全站数据通信中断。

图 3-26 数据网络线缆标牌未齐全

竣工验收时，做好数据网屏线缆的精益化整治，核对数据网线缆走向正确性，特别对第一、第二接入网设备的网线标签应注意避免交叉混淆，数据网设备的空闲端口及时封堵防尘套或禁止使用标签。

3.2.16 两套电力调度数据网设备的电源回路应分开独立引接，避免全站通道中断

【案例分析】 电力调度数据网电源回路未独立引接

某 220kV 变电站竣工验收检查数据网电源回路时发现，按照设计要求第一接入数据网设备电源均取至站内 1 号逆变电源，而第一接入数据网路由器在 1 号逆变电源输出回路断开后，设备仍正常运行，而 2 号逆变电源输出回路断开后，该路由器断电，另外，第二接入数据网路由器电源取至 1 号逆变电源。因此，两个接入数据网路由器电源回路存在交叉引接的情况，即在任何一台逆变电源故障时，第一、第二接入数据网均会通道中断，进而导致全站通道中断。

同一套数据网接入设备（交换机、纵向加密装置、路由器）的电源模块应取至同一逆变电源。双套数据网设备应由不同的逆变电源供电。装置电源空气开关符合级差要求。竣工验收时，应通过两套逆变电源分别断电的方式进行数据网设备的电源回路验证。

3.2.17　防止违规外联的要求

【主要内容】

交换机等设备的空闲端口应通过配置命令予以关闭，防止外部设备违规外联。调度主站远程访问管理功能正常。

【案例分析】　未关闭空闲端口导致违规外联

某变电站调度数据网纵向加密认证装置发出紧急告警：不符合安全策略的访问，×.×.1.10访问×.×.199.81至×.×.255.250间的170个地址，目的端口不固定。经核查，告警发生期间，该变电站正在开展某业务系统的调试工作。某厂家人员擅自将自用笔记本电脑改成业务系统的IP地址，接入实时交换机进行通道测试。该调试笔记本安装有360卫士等应用软件，在接入数据网交换机进行调试时，调试笔记本的360安全卫士等软件开启了自动更新功能，尝试自动访问×.×.199.81至×.×.255.250间的170个外网地址进行更新升级，其发出的更新报文被纵向加密认证装置拦截产生告警。

变电站投产前应做好调度数据网内所有设备的空闲端口关闭工作（图3-27），除用标签或防尘套封堵外，主要建议用设备配置命令予以关闭，可防止外部设备的违规外联。若需使用空闲端口，可申请调度主站通过远程访问功能进行相应的端口开启。

图3-27　交换机等设备空闲端口予以关闭

3.2.18　单套逆变电源的交流主输入电源与旁路电源输入引至不同段的站用电源母线

【案例分析】　一体化逆变电源主输入和旁路取自同一段母线

某220kV智能变电站采用一体化逆变电源，运维人员在变电站隐患排查中发现1号、2号一体化逆变电源的交流主输入（图3-28）与旁路电源输入均取自对应占用电源母线。该接线方式下，在1号站用电（2号站用电）失电时，1号（2号）一体化逆变电源无交流输入，逆变电源只能通过直流系统短时供电，在直流蓄电池容量不足时，自动化设备交流电源将断电，存在严重的安全隐患。

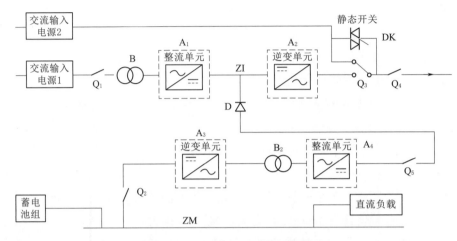

图 3 - 28　一体化逆变电源交流输入

根据《浙江省变电站自动化系统及设备竣工验收大纲》的要求，两套逆变电源的交流主输入应取自不同段的站用交流母线，直流输入应取自不同段的直流电源母线。对于单套逆变电源的交流主输入电源与旁路电源输入，应引自不同段的站用电源母线。

3.2.19　时间同步装置板件应合理分配

【主要内容】
　　时间同步装置授时板件接入站内的被授时设备应尽合理分配，避免一块板件接入过多的被授时设备，导致板件过负荷运行，降低板件寿命。

【案例分析】　板件分配不合理导致对时误差增大

　　随着变电站被授时设备的增多，尤其是智能变电站，需对时的智能设备的数量较常规变电站成倍增加。很多情况，设计人员未考虑站内时间同步装置板件的分配合理性（图 3 - 29），单纯将被授时设备集中接入至一块或几块对时板件中，导致接入板件过负荷运行，板件故障率明显提高，且对全站对时影响很大。

　　根据变电站内被授时设备的数量、电压等级、类型等合理接入时间同步装置的对时板件，避免部分板件接入被授时设备过多，导致板件温度明显高于其他低负荷板件，提高时间同步装置的板件寿命。

3.2.20　交换机的光纤或网络接口应牢固、可靠，光纤及网线走向标签正确，光纤弯曲半径满足相关要求

【案例分析】　光纤和网线布置杂乱导致安全隐患

　　由于智能变电站的组网通信模式的变化，交换机成了变电站主角设备，交换机数量的应用急剧增加。如何管理好交换机的光纤或者电网络线，成为智能变电站验收的重点问题。部分变电站在竣工验收时，交换机光纤和网络线布置杂乱，光纤未粘贴走向标签（图 3-30），走向不明，为投产后的日常运维埋下安全隐患。

图 3-29　对时板件分配应合理

图 3-30　光纤未粘贴走向标签

　　要求竣工验收时，重点关注各个屏柜内交换机的光纤、网络线走向铭牌，光纤走线弯曲度要符合有关要求，不宜过小，造成不必要的折损。

3.2.21　交换机屏柜后应张贴光口配置表，准确表明光纤走向与交换机光口的对应关系

【案例分析】　光口配置表不正确导致误跳运行间隔

　　智能变电站光口配置表（图 3-31）类似于常规变电站的端子排电缆接线，对智能变电站的运维检修意义重大，因此有必要在竣工验收环节制作光口配置表，同时完成核对光口配置表试验。某 220kV 变电站间隔扩建接口时，试验人员根据 110kV 母差保护屏内的光口配置表进行安全措施隔离，由于光口配置表不正确，导致安全措施隔离不到位，误跳运行间隔。

　　要求竣工验收时，完善各屏柜交换机及装置的光口配置表，配置表验收核对正确、无误，屏柜后的光口配置表不应手写，并采用塑封粘贴在醒目位置。

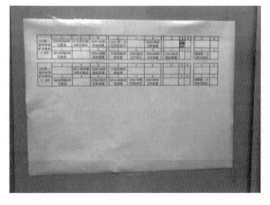
图 3-31　光口配置表

3.3 网络安全设备

3.3.1 版本信息确认，版本在自动化设备软件版本发布库中

【主要内容】

记录现场网络安全监测装置的序列号，并确认装置出场日期，核对现有程序版本是否正确（图 3-32）。

```
[root@localhost ~]#
[root@localhost ~]#
[root@localhost ~]# ver.sh
parts version
  * rcw      : CE CF 1C B7
  * U-Boot   : 2018-04-15-df4b717 (Apr 15 2018 - 10:50:56 +0800)
  * Kernel   : 4.1.35-g2018-04-20-dee2dd1
  * Ramdisk  : g2018-04-10-5571101-dirty
  * DTB      : yytek,T1042D4-1.0
[root@localhost ~]#
```

图 3-32 网络安全监测装置检查软件版本示例

3.3.2 外联设备接入有告警信息

【主要内容】

本机插入 U 盘、USB 鼠标、USB 无线网卡设备，在装置人机界面及管理平台能够查看装置 USB 接入告警信息；拔出 U 盘、USB 鼠标、USB 无线网卡设备，在装置人机界面及管理平台能够查看装置 USB 接出告警信息。

【案例分析】 非实时纵向加密认证装置发紧急告警

某变电站在验收时非实时纵向加密认证装置发出紧急告警不符合安全策略的访问，×.×.193.150 访问 ×.×.254.190 至 ×.×.114.154 等 58 个地址的 443 、80 端口。

1. 原因分析

×.×.193.150 为厂商自带笔记本接入风电场网络的 IP 地址，目的地址均为互联网地址，目的端口 80、443 均为网页浏览端口，其中 80 端口用于 HTTP 服务，443 端口用于 HTTPS 服务。经查，告警发生时，厂家调试人员正使用自带笔记本接入非实时交换机进行调试，且在调试期间通过无线网络连接互联网进行资料查询，并访问了 ×.×.254.190 至 ×.×.114.154 等 58 个外网地址，其间，访问互联网的部分数据包窜入调度数据网，被非实时纵向加密认证装置拦截产生告警。

2. 解决方案

断开笔记本与调度数据网的网络连接。加强对电厂电力监控系统安全防护的技术监督工作，要求电厂加强现场作业的风险管控，落实安全防护的主体责任，采取有效

措施防范违规外联 。

应集中管理终端的各种外设接口,只有特定接口可以接入 USBKEY 设备,其他设备接入一律禁用并产生告警。禁用 USB 存储驱动,保留其他 USB 设备驱动:

$$rm - f/lib/module/'uname - r'/kernel/driver/usb/storage/usb - storage. ko$$

3.3.3　内网安全监测装置接入调试产生告警

【案例分析】　现场加密只配置单条业务策略

某 110kV 变电站地调接入网非实时纵向加密装置发出告警:×.×.3.9 访问 ×.×.1.6 的 TCP 8800 和 8801 端口不符合安全策略被拦截。

1. 原因分析

通过源地址、目的地址基本确认是现场安全监测装置访问主站内网监管平台造成告警,该 110kV 变电站是第一个厂站内网安全监测装置接入试点站。TCP 8800 和 8801 端口为安全监测装置主机采集和服务代理所使用的端口,经确认安全监测装置和主站业务通信必须开放两条安防策略,一条是主站侧随机端口,厂站侧开放 TCP 8800 和 8801 端口,实现主站和厂站的双向通信。装置试点接入时,装置厂家技术人员不清楚该情况,导致现场加密只配置了单条业务策略,正常业务访问被拦截。

2. 解决方案

变电站侧纵向加密装置增加业务策略,告警消失,厂站安全监测装置上送报文正常。

3.3.4　EMS 系统业务通道参数配置错误导致异常访问

【案例分析】　端口号输入错误导致告警

验收某变电站纵向加密认证装置时看到发出重要告警:不符合安全策略的访问,×.×.0.3 访问×.×.18.98 的 240 端口。

1. 原因分析

源地址×.×.0.3 为地调前置机地址,目的地址×.×.18.98 为变电站远动机地址,目的端口号 240 为不常见端口。104 规约规定要求前置机访问厂站远动机的 TCP 2404 端口,在纵向装置中配置了目的端口为 2404 的正确的访问控制策略。但在主站系统中配置厂站通道参数时,由于运维人员疏忽,将端口号误填为 240,导致正常业务采用 240 端口向变电站远动机发送报文,被纵向加密认证装置拦截产生告警。

2. 解决方案

更改 EMS 业务的通道参数配置为 2404 端口,确保业务通道参数配置正确。

3.3.5　纵向装置策略漏配导致日志报文被拦截

【案例分析】　未在主站纵向加密认证装置配置上传策略导致告警

某变电站在检查地调主站第二接入网实时纵向加密认证装置时看到发出告警：不符合安全策略的访问，×.×.21.189 访问 ×.×.0.3 的 514 端口。

1. 原因分析

源地址×.×.21.189 为下辖变电站地调第二接入网纵向加密认证装置地址，目的地址 ×.×.0.3 为地调主站内网安全监视平台采集服务器地址，514 端口为纵向加密认证装置日志上传的端口。主站维护人员未在主站纵向加密认证装置中配置该站的日志上传策略，导致日志报文被纵向装置拦截产生告警。

2. 解决方案

在主站纵向加密认证装置上添加一条源地址为×.×.21.189 、端口 1024 目的地址为×.×.0.3 、端口 514 的访问控制策略。

3.3.6 纵向装置内外网口网线反接导致正常业务访问被拦截

【案例分析】 纵向加密认证装置内外网口反接导致告警

某变电站验收时发现第二接入网实时纵向加密认证装置发出告警：不符合安全策略的访问，×.×.196.195 访问×.×.5.81 的 2404 端口。

1. 原因分析

源地址×.×.196.195 为主站前置机地址，目的地址×.×.5.81 为厂站远动机地址，目的端口 2404 为正常的业务访问端口。核查现场纵向加密认证装置，确认装置与主站×.×.196.195 对应的隧道建立正常，安全策略均配置规范，但是隧道无加密次数。检查现场网线，发现纵向加密认证装置内外网口反接（内网口连接至路由器，外网口连接至交换机），导致内外网口数据包进、出纵向装置的流向相反，被纵向加密拦截产生告警。

2. 解决方案

重新连接现场纵向加密认证装置的网线，将内网口连接至交换机、外网口连接至路由器。

3.3.7 保信子站存在默认路由导致局域网报文窜入数据网

【案例分析】 未配置明细路由导致告警

验收某变电站发现非实时纵向加密认证装置发出告警：不符合安全策略的访问，×.×.212.152 访问×.×.6.133，×.×.6.134 的 102 端口。

1. 原因分析

源地址×.×.212.152 是换流站保信子站服务器的调度数据网地址，×.×.6.133，×.×.6.134 分别是换流站内间隔层保护装置局域网 A 网和 B 网的 IP 地址，目的端口 102 为 MMS 业务通信端口。通过对现场报文抓取分析发现，当保信子站服务器局域网的网卡与×.×.6.133 和×.×.6.134 地址无法正常通信时，因未配置明细路由，导致保护装置将数据报文默认发至调度数据网的网口上，被纵向加密认证装置拦截产生告警。

2. 解决方案

保信子站服务器配置明细路由，并删除默认路由。

3.3.8 横向隔离装置配置错误导致文件传输失败

【案例分析】 横向隔离装置策略配置错误导致传输失败

在某变电站验收时发现配套使用隔离传输软件，文件传输失败。

1. 原因分析

将纯文本文件从管理信息大区发往生产控制大区，传输失败。经现场检查，生产控制大区为二层网络环境，网络设备配置无误，工作站能正确 ping 边界交换机；管理信息大区为三层网络环境，网络设备配置无误，工作站能正确 ping 边界交换机。检查传输软件任务设置无误，虚拟 IP 地址、端口、源文件路径、目标路径等正确。检查横向隔离装置配置，发现策略配置错误：外网配置中，MAC 地址填写为 7C-E9-D3-00-76-D9，为工作站 MAC。

2. 解决方案

正确配置外网配置中的"MAC 地址"一栏：填写网关 MAC，即"F0-DE-F1-C9-E0-7A"，装置重启后，重新启动传输任务，文件传输成功。

3.3.9 网络设备应使用 SSH 协议登录

【主要内容】

网络设备应使用 SSH 协议登录，并配置访问控制列表，用户登录口令满足要求，应有登录失败处置策略，各用户账户满足权限分离的要求。

3.3.10 纵向加密认证装置配置应符合要求

【主要内容】

纵向加密认证装置配置正确，避免配置默认路由。策略满足严密性要求，无明通隧道，业务策略应走加密模式。

【案例分析】 本端没有导入对端装置的证书导致告警

某变电站实时纵向加密认证装置发出告警：隧道建立错误，本地隧道 ×.×.81.124 与远端隧道 ×.×.11.32 的证书不存在。

1. 原因分析

隧道本端地址×.×.81.124 为该变电站实时纵向加密认证装置的地址，远端隧

道 ×.×.11.32 为地调主站侧实时纵向加密认证装置的地址。远端配置了本端证书及隧道，并发起隧道协商报文，本端纵向加密认证装置收到了远端纵向加密认证装置的隧道协商报文，但由于本端没有导入对端装置的证书，导致本端纵向装置发出"证书不存在"告警。

2. 解决方案

检查证书配置，确保已经导入正确的对端装置证书。检查隧道配置，确保隧道下的本地地址以及远程地址配置正确。

3.3.11 边界防火墙控制策略应符合要求

【主要内容】

边界防火墙控制策略采用白名单模式，策略满足严密性要求。关闭防火墙的 Web 登录功能或限制允许登录的主机 IP。横向隔离装置配置正确，策略符合要求、使用 IP/MAC 地址绑定，仅可传输 e 文本。

【案例分析】 白名单设置不合理

在某变电站验收检查防火墙白名单过程中，发现白名单配置存在问题。

1. 原因分析

边界防火墙白名单设置不合理，重新进行相关配置。

2. 解决方案

禁用不必要的公共网络服务；网络服务采取白名单方式管理，只允许开放 SNMP、SSH、NTP 等特定服务。

```
[ZJDL]undo ip http enable            ♯禁用 HTTP 服务
[ZJDL]undo ftp server                ♯禁用 FTP 服务
[ZJDL]undo telnet server enable      ♯禁用 TELNET 服务
[ZJDL]undo dns server                ♯禁用 DNS 查询服务
[ZJDL]undo dns proxy enable          ♯禁用 DNS 代理服务
[ZJDL]undo dhcp enable               ♯禁用 DHCP 服务
```

3.4 二次回路及安装

3.4.1 端子排每个端子最多只能并接两芯，严禁不同截面的两芯直接并接

【案例分析】 软硬线共用端子影响设备运行

在某变电站验收时，发现线路电压 602 在端子排内侧硬线与软线并联共用一个端子，如图 3-33 所示。按照规定，严禁不同截面的两芯直接并联，由于软线在使用线

鼻固定后与硬线在线径与硬度上有较大差距，软、硬线并联后可能导致软线固定不牢，引起导线接触不良，影响保护装置正常运行。因此软、硬线不得共用一个端子，需要将其分开。

新增一排凤凰端子，将软、硬线分别接入两个端子，并使用短接片将两个端子短接。

3.4.2 检查所有端子排螺丝均紧固并压接可靠

【案例分析】 交流电压端子压皮

在某变电站验收时，发现其35kV间隔的交流电压端子存在压皮现象，多条二次回路螺丝都压在导线绝缘外皮上，如图3-34所示。导线的外皮绝缘不导电，螺丝直接压在绝缘外皮上无法使回路导通。同时，由于绝缘外皮硬度低，在导线晃动时容易导致回路松动、接触不良，因此需要将相关接线重新紧固。

图3-33 软硬线共用端子　　　　图3-34 螺丝压在导线绝缘外皮

将导线重新插入后紧固螺丝。螺丝紧固时注意不要将绝缘外皮深插入端子内，确保螺丝压在金属导线上。

3.4.3 检查电缆标牌齐全正确、字迹清晰、不易褪色，须有电缆编号、芯数、截面及起点和终点命名

【案例分析】 智能组件柜没有按照规定悬挂电缆标牌

在某变电站验收时，发现其220kV正母母设智能组件柜内有部分电缆没有按照规定悬挂电缆标牌，如图3-35所示。变电站二次回路电缆较多，仅从电缆外观难以区分差别。如果不按照规定悬挂电缆标牌，在后期工作中需要掀开电缆盖板或进入电缆层进行摸线排查，增加不必要的工作难度与工作风险。

为保障后期工作顺利开展，提高新投产设备的可维护性，需要对每一根电缆悬挂标牌，在标牌上写明电缆的编号、型号以及电缆起点和终点命名。督促基建单位按照

图纸与实际回路补齐电缆标牌，同时对变电站内其他各间隔进行排查，如发现电缆未挂牌的情况及时记录并整改。

3.4.4 检查设备命名牌和熔丝、空气开关、压板等正式标签挂设完成

【案例分析】 交流电压空气开关使用临时标签

某变电站验收时，发现其220kV母线电压分电屏某一交流电压空气开关，仅使用绝缘胶胶带粘贴的临时标签，没有按照规定使用正式标签，如图3-36所示。临时标签的辨识度较差，在实际使用过程中容易出现错识、误识的情况。如果因此误拉运行间隔的空气开关，将严重影响设备的正常稳定运行。因此，空气开关标签应使用格式规范、内容正确的标准正式标签。

图 3-35 电缆未按规定悬挂标牌

图 3-36 空气开关标签为临时标签

依据现场临时标签内容、图纸以及实际接线情况，确定此空气开关标签应标注内容，设计打印正式标签并粘贴。

3.4.5 端子箱与保护屏内电缆孔及其他孔洞应可靠封堵，满足防雨防潮要求

【案例分析1】 电缆的引入孔洞裸露

在某变电站验收时，发现某个保护屏柜内电缆的引入孔洞裸露，没有按照要求使用石膏板与防火泥对孔洞进行封堵，如图3-37所示。防火封堵除了可以隔绝火灾，避免事故扩大外，还可以防止潮湿水汽进入保护屏柜，减少直流接地故障的发生。同时，防火封堵也可以有效避免老鼠、蟑螂等各种小动物从户外进入保护屏内破坏二次回路。

使用石膏板与防火泥对孔洞进行封堵。确保封堵表面平整、没有缝隙。同时，对变电站其他各个间隔进行检查，如有未封堵现象的，及时记录并整改。

【案例分析2】 防火封堵在施工过程中被破坏

在某变电站验收时，发现某屏柜内防火封堵在施工过程中被破坏，如图3-38所

示。防火封堵层出现孔洞后，无法起到有效的隔绝作用。当发生火灾或大雨时，火情或水汽将会通过孔洞蔓延。同时，各种小动物也会通过孔洞攀爬进出。因此，当防火封堵出现孔洞后需及时进行修复。

图 3-37 电缆孔洞未封堵   图 3-38 防火封堵层被破坏

工作中如使用防火泥对封堵层中出现的孔洞重新进行封堵，确保封堵表面平整、没有缝隙。

3.4.6 双重化配置的保护，应检查保护与跳圈的对应关系正确，无寄生回路

【案例分析】 母联开关两组直流控制回路存在寄生回路

在某变电站验收时，发现其 220kV 母联开关两组直流控制回路之间存在窜电现象，怀疑存在寄生回路。将第一组直流控制空气开关合上，第二组直流控制空气开关拉开，在端子排处测得第二组直流正负电电位均为−33V，远超正常水平。

为查明原因，检修人员从空气开关下端头开始排查，经端子排至智能终端背板，又回到端子排去向两组继电器，继电器对应负电端至端子排，端子排下一级到机构处，采用量一段拆一段的方式，各处电位始终为−33V，最终确定窜电点位在机构内插排。

随后，检查机构内部，发现有渗油痕迹。并且与其他 220kV 开关机构相比，220kV 母联开关机构油味十分明显。与基建人员沟通得知 220kV 母联开关机构曾进水，后续没有做过任何精益化整治。渗油情况如图 3-39 所示。

检查结果认为机构箱内插排在渗油进水后，插排绝缘下降或内部还有油、水残留，产生寄生回路，导致两组直流电之间发生窜电。

将机构内的油污与水迹擦拭干净，再次检查，寄生回路已消失。同时，对变电站内各机构寄生回路状况进行检查，如发现存在寄生回路，及时记录并处理。

3.4.7　尾纤、光缆、网线名称应符合要求

【主要内容】

尾纤、光缆、网线应有明确、唯一的名称，应注明两端设备、端口名称、接口类型与图纸一致。

【案例分析】　自动化屏柜中部分网线没有悬挂标识牌

在某变电站验收时，发现调度数据网屏等自动化屏柜中有部分网线未按照规定粘贴标签或悬挂标识牌，如图3-40所示。变电站内同一批次安装的网线基本相同，仅从外观很难区分网线的区别，如果没有标签进行标注，后期很难区分网线的起点与终点，为后期检修与排故增加难度。

图3-39　油污与水导致绝缘下降，产生寄生回路　　　图3-40　网线未按照规定粘贴标签

为保障后期工作顺利开展，提高新投产设备的可维护性，需要对每一根网线悬挂标识牌，标注网线首末端位置。督促基建单位按照实际连接状况补齐全电缆标牌；同时，对变电站内其他各间隔进行排查，如发现电缆未挂牌的情况及时记录并整改。

3.4.8　光纤配线架中备用的及未使用的光纤端口、尾纤应带防尘帽

【案例分析1】　智能组件柜备用光纤插头裸露

在某变电站验收时，发现其110kVⅡ段母设智能组件柜中的备用光纤插头裸露，没有按照规定安装防尘帽，如图3-41所示。没有防尘帽的保护，光纤插头的白色陶瓷部分很容易受油污遮盖或在碰撞硬物时发生破损，导致在工作光纤出现故障需要使用备用光纤时无法直接使用。

按照规定，需要根据光纤接头类型对备用光纤接头安装合适的防尘帽，并对全站备用光纤进行排查，发现问题及时记录并整改。

【案例分析2】　间隔装置背板上备用光纤端口没有按照规定安装防尘帽

在某变电站验收时，发现多个间隔装置背板上备用光纤端口没有按照规定安装防尘帽，直接裸露在外，如图 3-42 所示。光纤端口的防尘帽可以有效防止备用光纤端口受到灰尘、油污的侵染，保障备用光纤端口功能完整。没有防尘帽保护，在设备运行过程中灰尘可能进入光纤端口导致光口模块损害，影响其正常使用。

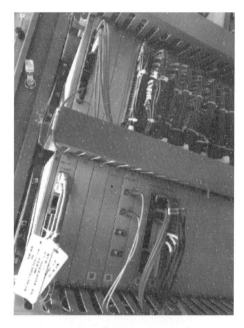

图 3-41　部分备用光纤没有安装防尘帽　　　图 3-42　部分备用光纤没有安装防尘帽

按照光纤端口类型安装对应的防尘帽。同时，对整个变电站进行排查，发现未按规定安装防尘帽的及时记录并整改。

第 4 章

首检预试环节技术监督要点及典型案例

4.1 继电保护装置

4.1.1 合并单元首检时应仔细验证装置断链告警正确性

【案例分析】 合并单元 CPU 板存在主 DSP 掉电现象导致告警

某变 1 号主变在首检期间，10kV Ⅰ 段开关第二套合并单元发 1 号主变第二套保护 SV 总告警、1 号主变第二套保护 SV 采样链路中断、公用测控异常动作信号，如图 4-1 所示。

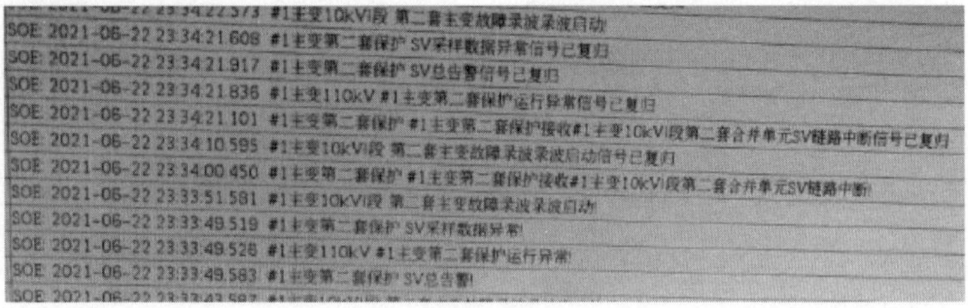

图 4-1 后台界面异常信号

1. 原因分析

现场观察发现该装置异常告警发出一段时间后会自行复归，现象反复出现。检查该合并单元内部历史数据，发现合并单元 CPU 板存在主 DSP 掉电现象，经过一段时间后经板件内部看门狗程序触发，重新启动主 DSP，合并单元恢复运行（图 4-2）。当主 DSP 掉电，合并单元无法正常工作，与外部通信中断，因此发 GOOSE、SV 断链信号。当看门狗程序将主 DSP 重新启动时，合并单元恢复运行，GOOSE、SV 断链信号复归。

2. 解决方案

更换该合并单元 CPU 板件并进行合并单元采样试验和性能试验，结果正确，持续观察一段时间，主 DSP 稳定运行，装置正常，GOOSE、SV 信号正常，认为该缺

9	[17:07.51.882]	2021-06-22 23:24:20.472 主机发生watch_dog重启 主DSP
10	[17:07.54.231]	2021-06-22 23:26:59.280 装置上电 主DSP
11	[17:07.56.318]	2021-06-22 23:27:15.008 主机发生watch_dog重启 主DSP
12	[17:07.57.671]	2021-06-22 23:28:00.280 装置上电 主DSP
13	[17:07.58.821]	2021-06-22 23:31:47.536 装置上电 主DSP
14	[17:08.00.367]	2021-06-22 23:32:03.048 主机发生watch_dog重启 主DSP
15	[17:08.01.637]	2021-06-22 23:32:17.536 装置上电 主DSP
16	[17:08.04.569]	2021-06-22 23:32:33.792 主机发生watch_dog重启 主DSP
17	[17:08.05.698]	2021-06-22 23:32:34.904 从机发生watch_dog重启 主DSP
18	[17:08.07.190]	2021-06-22 23:33:14.280 装置上电 主DSP
19	[17:08.08.555]	2021-06-22 23:34:08.280 装置上电 主DSP
20	[17:08.09.810]	2021-06-22 23:34:23.136 主机发生watch_dog重启 主DSP
21	[17:08.10.860]	2021-06-22 23:35:04.280 装置上电 主DSP
22	[17:08.12.092]	2021-06-22 23:36:17.280 装置上电 主DSP
23	[17:08.13.783]	2021-06-22 23:36:34.120 从机发生watch_dog重启 主DSP
24	[17:08.15.085]	2021-06-23 05:32:27.280 装置上电 主DSP

图4-2　看门狗频繁重启装置

陷已解决，装置复役后也未再复发。

4.1.2　合并单元首检时应检查测试通信链路收发功率

【案例分析】　接收侧合并单元光功率模块异常导致断链

某变1号主变在首检期间，第二套保护与110kV第二套合并单元链路中断，发SV总告警、SV采样链路中断异常信号。

1. 原因分析

现场查看当地后台，SV二维表显示该链路中断。查看保护内光功率检测信息，发现接收该合并单元的通道光功率基本为0，说明链路确实存在断点。在保护侧断开1号主变第二套保护接收110kV第二套合并单元SV光纤，通过智能变电站校验装置检测光纤光功率，发现光功率正常，且能收到正确的SV报文，说明合并单元发送侧及光纤链路完好，认为接收侧合并单元光功率模块异常。

2. 解决方案

更换1号第二套保护接收110kV第二套合并单元的光功率模块后，重新插连光纤，断链恢复，光功率检测正常。

4.1.3　合并单元首检时应注意检查模拟量采样

【案例分析】　合并单元测量电流端子排外侧螺丝未紧固导致无采样

某变110kV线路在间隔首检期间，发现对合并单元加模拟量进行精度校验时发现B相测量电流在保护测控屏、网络报文分析装置、后台均显示为0A，保护电流三相均正常（图4-3）。

1. 原因分析

某变110kV线路间隔电流互感器有两

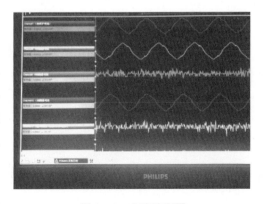

图4-3　电流波形图

组二次绕组，分别为保护绕组和测量绕组，由于保测一体装置和网分装置中保护电流双 AD 均正常，因此判断一次设备无故障。保测一体装置和网分装置中测量电流 I_b 均为 0，而监控后台取用的是保测装置中测量电流值，也为 0，因此判断故障存在以下三种可能：①电流互感器二次绕组到合并单元模拟量输入端子之间存在开路；②合并单元故障，发送保护 B 相电流为 0A；③电流互感器二次测量绕组故障。后续检查发现合并单元 B 相测量电流端子排外侧螺丝未紧固（图 4-4）。

I_b电缆端子排外侧接触不良

图 4-4 电流端子排图

2. 解决方案

紧固螺丝后重新加量测试，电流显示恢复正常，装置复役后实际电流显示正确。

4.1.4 合并单元 GOOSE、SV 链路表核对应对照整个二维表，逐个验证 GOOSE、SV 断链告警正确性

【案例分析】 链路在链路表中关联相反导致错误

某变 1 号主变 110kV 第一套合并单元接收 110kV Ⅰ母电压合并单元 SV 链路与 2 号主变 110kV 第一套合并单元接收 110kV Ⅰ母电压合并单元 SV 链路在链路表中关联反。

1. 原因分析

后台 GOOSE、SV 链路图涉及数据量庞大，厂家人员在制作时难免有所疏忽，对于位置相近或名称相似的链路关联点，容易关联错误。

2. 解决方案

紧固螺丝后重新加量测试，电流显示恢复正常。装置复役后实际电流也显示正确。

4.1.5 智能终端首检时注意装置的通电自检、失电告警、指示灯情况检测

【案例分析】 直流电外侧电缆接线松动导致失电

某变 110kV Ⅰ 段母线智能组件柜首检时，在拉合装置电源空气开关时偶发装置上电后突然失电的现象。

1. 原因分析

基建单位螺丝紧固不到位，验收时对于数以万计的端子排难免疏漏导致检查不全面。排查发现电源端子排 1-ZD3 外侧电缆接线松动，而该外侧电缆线是智能组件柜直流电正极送入处，若松动严重，会导致全柜所有直流装置失电（合并单元、智能终端、测控、总交换机）。

2. 解决方案

小心紧固该外侧电缆线，确认接线牢固。

4.1.6 智能终端首检时注意检修压板和检修逻辑的正确性

【案例分析】 检修压板对应端子中间连片松动导致压板无效

某变 220kV 线路第一套智能终端装置检修压板投上后无效，装置仍处于正常态。

1. 原因分析

检查发现装置检修压板在端子排上对应的位置的中间连片松动，导致回路出现其他断开点，压板投入无效。

2. 解决方案

端子排相应端子紧固后恢复正常。

4.1.7 智能终端首检时要重视对 GOOSE 输入量的检查试验

【案例分析】 备自投未采用光纤直连跳闸

某变 110kV 进线备自投跳 2 号主变 110kV 第一套智能终端、合某 110kV 线路智能终端，未按图纸要求设计为直跳（光纤直连），而是经交换机组网网跳。

1. 原因分析

施工方未按图纸施工。

2. 解决方案

开展 110kV 进线备自投、2 号主变 110kV 开关检修、某 110kV 线路开关检修时，修改 2 号主变 110kV 第一套智能终端、某 110kV 线路智能终端配置文件，将虚端子中组网口改为直跳口，下装配置并进行结合 110kV 进线备自投相应试验。虚端子修改前、后如图 4-5 和图 4-6 所示。

4.1.8 智能终端首检时注意硬接点开入量与图纸的一致性

【案例分析】 图纸上回路与实际不一致

某变 1 号主变本体智能终端实际接线与图纸设计不相符，1 号主变本体智能终端

9-跳1DL开关	[IT1102A]二号主变110kV第一套智能终端	RPIT/GOINGGIO453.SPCSO.stVal	三跳_组网
10-跳1DL备用开出1	[IF1101]110kV母分智能终端	RPIT/GOINGGIO485.SPCSO.stVal	三跳_直跳（网口5）
11-备用			
12-合2DL开关	[IL1103]大道1505线智能终端	RPIT/GOINGGIO469.SPCSO.stVal	遥合_组网(备用)
13-跳2DL开关			
14-跳1DL备用开出2	[IL1104]望宅1260线智能终端	RPIT/GOINGGIO485.SPCSO.stVal	三跳_直跳（网口5）

图 4-5　虚端子修改前

8-备用			
9-跳1DL开关	[IT1102A]二号主变110kV第一套智能终端	RPIT/GOINGG…	永跳_直跳（网口4）
10-跳1DL备用开出1	[IF1101]110kV母分智能终端	RPIT/GOINGG…	三跳_直跳（网口5）
11-备用			
12-合2DL开关	[IL1103]大道1505线智能终端	RPIT/GOINGG…	合用(置合)_直跳（网口4）
13-跳2DL开关			
14-跳1DL备用开出2	[IL1104]望宅1260线智能终端	RPIT/GOINGG…	三跳_直跳（网口5）
15-跳1DL备用开出3			

图 4-6　虚端子修改后

柜端子排：4QD39［851］—冷却器全停告警，4QD40［853］—有载轻瓦斯告警，4QD60［855］—有载调压异常，4QD61［857］—过负荷闭锁有载调压，上述实际回路存在，但图纸上未画明。

1. 原因分析

施工方在验收完成后进行了回路增改，现场直接增加且未在图纸中体现，同时未与设计、检修等单位沟通。

2. 解决方案

在图纸上进行标注，与设计说明。

4.1.9　保护装置首检时仔细检查设备铭牌标签是否正确

【案例分析】　光纤、标签、图示错误影响操作

某变 220kV 第二套母差保护首检时发现背板光纤尾纤标识中，220kV 线路 1 和 220kV 线路 2 贴反，柜门图示同样标反；母差保护组网光纤、直跳光纤、直采光纤三类标签混乱，图示同样出错，非常容易误导（通过插拔光纤核对后台二维表断链情况以及实际线路装置告警情况证实）。

1. 原因分析

基建人员光纤标签贴错，图示同样标注错误，验收时标签采用临时标签且验收人员仅在后台进行断链告警核对。

2. 解决方案

通过插拔光纤引发的断链告警，多源比对确定正确的顺序，按照正确顺序重新贴标签和尾纤，修改图示。

4.1.10 保护装置和安自装置首检时应关注 SV 虚端子的合理性和正确性

【案例分析】 备自投 SCD 虚端子配置错误

某变线路备自投（进线位于 110kV Ⅱ 段母线）在 SCD 中从 110kV Ⅰ 段母线合并单元处收母线电压，现场实际为从 110kV Ⅱ 段母线合并单元，且备自投中相关配置对应为 Ⅱ 段母线合并单元，从运行方式角度考虑母线电压也应取自 110kV Ⅱ 段母线合并单元。

1. 原因分析

虽然 110kV 母线合并单元均采各段母线的电压，按原设计不影响使用，但容易造成混淆和检修时误插拔光纤。

2. 解决方案

在 110kV 进线备自投检修期间修改 SCD 文件，与现场实际保持一致。

修改前、后如图 4-7 和图 4-8 所示。

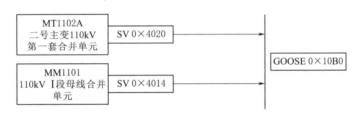

图 4-7 虚端子修改前

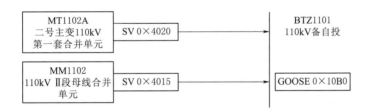

图 4-8 虚端子修改后

4.1.11 保护装置和安自装置首检时应仔细核对定值是否与整定单一致

【案例分析】 整定单执行错误导致保护误动

某变 1 号、2 号主变冷却器全停跳闸温度节点，整定单上均为 105℃，但实际均设置为 85℃，与整定单不符。

1. 原因分析

基建人员和运行人员对该整定单检查执行不到位。

2. 解决方案

将冷却器全停跳闸温度值整定为与整定单一致。

4.1.12　保护装置和安自装置首检时应重点校验跳闸矩阵和出口方式的正确性

【案例分析】　线路备自投配置错误无法闭锁线路重合闸

某变 110kV 线路备自投跳 110kV 线路 1 开关，检查 SCD 发现 GOOSE 虚端子中采用三跳接点，实际试验发现该 GOOSE 跳闸方式接法无法实现备自投动作闭锁 110kV 线路 1 重合闸功能，日常运行存在重大安全隐患。

1. 原因分析

该 GOOSE 虚回路采用的出口跳闸方式是"三跳-直跳"方式，该方式仅能正确跳开 110kV 线路 1 开关，但不会附加其他功能，应当正确采用"永跳-直跳"方式，该方式在跳开开关的同时还会发出闭锁重合闸信号，防止线路在母线有故障时开关重合闸动作于故障。该设备验收时对装置逻辑验收不够充分，没有考虑闭锁重合闸功能是否能实现。

2. 解决方案

110kV 进线备自投和 110kV 线路 1 开关检修时，修改 110kV 线路 1 开关智能终端相应配置文件，"三跳-直跳"方式改为"永跳-直跳"方式，下装配置并进行相关试验。

修改前、后如图 4-9 和图 4-10 所示。

9-跳1DL开关	[IT1102A]二号主变110kV第一套智能终端	RPIT/GOINGGIO453.SPCSO.stVal	三跳_组网
10-跳1DL备用开出1	[IF1101]110kV母分智能终端	RPIT/GOINGGIO485.SPCSO.stVal	三跳_直跳（网口5）
11-备用			
12-合2DL开关	[IL1103]大堡1505线智能终端	RPIT/GOINGGIO469.SPCSO.stVal	遥合_组网（备用）
13-跳2DL开关			
14-跳1DL备用开出2	[IL1104]瞿电1260线智能终端	RPIT/GOINGGIO485.SPCSO.stVal	三跳_直跳（网口5）

图 4-9　虚端子修改前

9-跳1DL开关	[IT1102A]二号主变110kV第一套智能终端	RPIT/GOINGG	永跳_直跳（网口4）
10-跳1DL备用...	[IF1101]110kV母分智能终端	RPIT/GOINGG	三跳_直跳（网口5）
11-备用			
12-合2DL开关	[IL1103]大堡1505线智能终端	RPIT/GOINGG	合用(重合)_直跳（网口4）
13-跳2DL开关			
14-跳1DL备用...	[IL1104]瞿电1260线智能终端	RPIT/GOINGG	永跳_直跳（网口5）

图 4-10　虚端子修改后

4.1.13　保护装置和安自装置首检时确保整组传动试验结果有效可靠

【案例分析】　端子松动导致保护装置无法出口

某变 1 号主变首检时发现 35kV 开关柜内控制电源正电端子排部分 1-4Q1D-1 端子内侧接线（301）松动，紧固端子排螺丝后仍然可以将电缆线轻易拔出，测量发现去 35kV 母差保护的 1 号主变 35kV 开关跳闸回路完全量不到正电，该情况会导致 35kV 母差动作情况下 1 号主变 35kV 开关拒跳。

1. 原因分析

接触不良的情况可能在日常运行中逐渐暴露，验收时 35kV 母差保护跳 1 号主变 35kV 开关的传动试验结果正确，不能说明端子排接线方式合理可靠，在整组试验中应关注整个回路的正确性。

2. 解决方案

将该内侧线换到 1-4Q1D-4 端子外侧接口并重新紧固，测量正电电位，结果正常，后续 35kV 母差校验过程中，传动结果正常。

4.1.14　保护装置和安自装置首检时确保各类空气开关、继电器型号、参数等满足要求

【案例分析】　空气开关型号错误导致隐患

某变 2 号所用变保护首检时发现，所用变报出控制回路断线告警，开关无法分合，日常运行存在重大安全隐患。

1. 原因分析

经检查发现控制电源直流空气开关型号不匹配发生脱扣。现场检查发现，发生该问题的原因为 2 号所用变操作电源直流空气开关型号不匹配，发生脱扣引发控制回路断线告警，在首检时应该格外关注空气开关、继电器的型号情况，防止因为信号规格等造成接触不良的情况。

2. 解决方案

更换 2 号所用变操作电源直流空气开关，控制回路断线告警信号恢复。

修改前、后如图 4-11 和图 4-12 所示。

图 4-11　装置控制回路断线　　　　图 4-12　更改后直流电源空气开关

4.1.15　保护装置首检时确保防跳回路正确

【案例分析】 只有开关处于合位时能够防跳

某变 2 号所用变保护首检时发现，线路保护防跳回路存在设计缺陷（图 4-13），开关分位时保护防跳无效，日常运行存在重大安全隐患。

1. 原因分析

手合回路中串有一副 9YJJ1-1 的常闭节点，9YJJ1 为压力降低禁止合闸继电器，在开关合闸储能过程中 9YJJ1 继电器动作，手合回路中断，防跳继电器无法保持动

此处存在缺陷，可导致无法分位防跳

图 4-13　防跳回路图纸

作，当储能结束后 9YJJ1 复归 9YJJ1-1 闭合，满足合闸回路，操作箱继续合闸保护防跳功能失败。在首检时应注意验证防跳回路是否正确，且应在分位和合位都进行验证，不要遗漏。

2. 解决方案

把手合回路上的 9YJJ1-1 接点短接，手合回路导通，防跳继电器保持动作，经实际验证，防跳回路正确。

4.2　厂站自动化设备

4.2.1　监控系统主机遥控校验确认不全，引起检修预试误遥控

【案例分析】 校验确认不全时误遥控导致母差误动作

某 220kV 变电站检修现场，厂家人员私自将监控后台主机的遥控编码校验功能退出，对某 220kV 检修间隔的线路闸刀进行遥控操作。然而，在遥控时误操作该间隔的母线闸刀，在开关母线接地闸刀合位的情况下，直接导致运行母线，造成母差保护动作，全站失压。

首检预试时，要加强对监控后台主机的各间隔遥控双编号的正确性校验；监控后台主机操作时，应先经五防机模拟开票预演并发出遥控允许；应由运维人员输入正确口令执行操作，检修人员负责检查遥控参数与遥控结果是否一致；遥控过程必须输入遥控对象双编号（图 4-14），不得

图 4-14　遥控双编码校验功能

跳过；检修现场安全措施布置正确后方可遥控操作。

4.2.2　监控系统主机上涉及修改数据库、画面定义的工作，应及时做好备份

【案例分析】　修改数据库后未保存备份导致修改未生效

某 220kV 变电站首检预试时，发现监控后台主机光字牌画面"保护装置故障"与"保护装置异常"开入关联错误，需对数据库开入点定义进行修改（图 4-15），同时画面光字牌进行重新关联。厂家人员工作结束后，未及时对数据库、画面等进行保存备份，监控系统主机重启后，修改后的数据库、画面未生效。

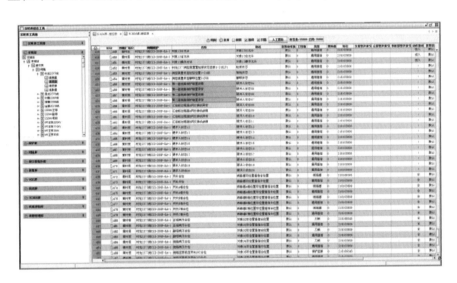

图 4-15　数据库开入点定义变更

监控后台主机工作前后，做好数据库、画面等参数的备份；参数修改后及时保存备份，并检查双机同步正确。

4.2.3　监控系统主机双机同步检查，避免引起控制异常

【案例分析】　两台监控主机不同步导致遥控失败

某 220kV 变电站首检预试时，对 1 号监控后台主机修改数据库配置后，厂家人员未进行监控后台主机双机同步性检查，导致 2 号监控后台数据库未同步更新，运行人员在 2 号监控后台主机上操作时，遥控失败。在 1 号监控后台主机上进行双机同步后，2 号监控后台主机恢复正常。

检修工作前应进行两台监控主机的数据库、画面同步性进行检查，并要求厂家实现双机同步状态画面显示；检修工作结束后，应开展双机同步功能检查；监控主机加固后，应开展双机同步功能检查；涉及参数修改等工作结束后，均需开展双机同步功

能检查。

4.2.4 监控系统与五防通信处理时，信息点位变动后，需开展相关试验

【案例分析】 五防系统未进行响应变更导致误解锁

五防系统通过通信采集监控后台的相关点位信息，若在监控后台数据库五防转发表（图 4-16）进行变更后，五防系统应进行相应的变更，否则两侧交互的信息将会出现错误，后果严重者可能误导运行人员进行五防误解锁等。

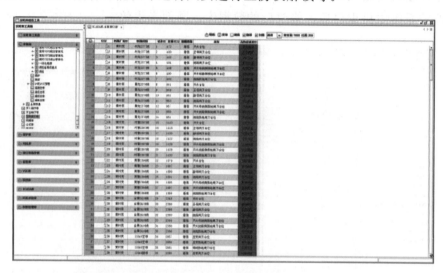

图 4-16 五防转发表

监控后台数据库五防信息转发表的管理应等同于数据通信网关机的上送调度主站的转发表，转发表应保证正确性及唯一性，检修时应进行必要的核对试验；五防信息转发表变动后，应及时开展信息验证，并与运行人员共同验收。

4.2.5 首检预试时，对监控系统的遥信进行全核对试验

【案例分析】 首检过程中遥信全核对消除遥信配置错误

鉴于目前 220kV 变电站首检预试发现的监控系统遥信配置错误占比非常大，因此，在首检工作中，采用监控系统遥信全核对的检修方式，一次性完成对监控系统信号核对（表 4-1），在后续的周期性预试中，可不再进行全核对，只需对事故、异常等关键信号选择性核对即可。

对首检预试发现的遥信问题及时进行处理，并进行问题记录汇总，作为下次周期性检修的数据支撑；监控后台的遥信问题，可同理至调度主站，检查数据通信网关机的数据库配置，若有类型问题，进行数据通信网关机配置变更及下装试验；遥信核对时，应尽可能地采用源端模拟的方式，短接电源前核对相关图纸，避免误接电源导致

短路或者接地。

表 4-1   遥 信 信 息 核 对 表

序号	信息名称	试验正确，填 OK	联调人员/时间
1			
2			
3			
4			
5			
6			
7			
8			

4.2.6　首检预试时，测控装置遥测精度校验要注意避免引起遥测数据跳变

【案例分析】　正母电压消失引起调度主站数据跳变

　　某 220kV 智能变电站首检预试时，110kV 副母停役，110kV 正母运行，按照计划对 110kV 第一套母设合并单元进行反措升级，检修人员在该套母设合并单元重启时，引起 110kV 正母电压数据异常。经检查为 110kV 正母电压通过光纤链路取自第一套母设合并单元，重启合并单元时，110kV 正母电压消失，引起调度主站数据跳变。

　　遥测精度校验时，要提前电话告知各级自动化调度主站人员，调度主站对相应的数据进行封锁，防止遥测试验时发生全站数据跳变；遥测校验加量前，应根据二次安全措施票，做好相关二次回路的安全隔离措施，防止电流开路、电压反充电；针对智能变电站，加量前确认光纤链路，避免误加量至相关运行设备。

4.2.7　若存在测控装置同屏布置的，要注意确认检修间隔的测控装置、把手、压板等，防止误操作

【案例分析】　安全措施不到位误入运行间隔

　　某 220kV 变电站 110kV 线路间隔测控装置采用两个间隔同屏布置的情况（图 4-17），在检修预试时，110kV 测控屏内有一条 110kV 线路检修，另外一条线路间隔运行。检修人员在测控屏内安全措施不到位的情况下，误入运行间隔的测控装置操作把手，误操作运行间隔线路开关。

　　工作前，确认同屏布置的检修设备，做好与运

图 4-17　测控装置同屏布置

行间隔的安全措施，包括同屏运行间隔的压板、端子排、切换把手、装置面板、空气开关等，均用红布遮拦，避免误碰相邻运行间隔；智能变电站的检修间隔，均应投入检修压板；禁止私自采用跳过五防解锁系统的任何操作，操作过程由操作人员与监护人员两人同时进行。

4.2.8　数据通信网关机配置不规范情况下，设备重启过程中，注意防止调度数据跳变

【案例分析】　数据通信网关机配置不当引起跳变

（1）自动化信息参数设置不规范。数据通信网关机信息点参数设置的不规范会导致偶发性的遥测数据跳变的现象。通信规约规定自动化信息点由"源地址信息标识（序号）"唯一表示，而且，信息序号应分区域设置，严格设置通信规约信息点参数有助于信息合理性的校验，防止由于偶发性的数据错位处理导致的数据跳变。

（2）设备初始化过程通信处理不当。数据通信网关机重启后短时间的数据发生异常跳变。设备重新采集现场数据需要一定时间，如果在未完成数据更新之前就启动上传数据通信，就会出现跳变数据，只有等数据更新完成后，传输的数据才恢复正常。双机切换后短时间的数据异常跳变，双机切换的数据同步需要一定时间，只有等数据重新采集或同步完成后，传输的数据才能正常。

（3）远动装置配置不合理。

1）数据通信网关机遥测数据格式选择不当，表现为数据跳变为浮点数负最大值。监控系统（采用独立数据网服务器的厂站）在处理 IEC 60870-5-104 规约浮点数转发时，若测控装置通信中断（短时通信异常或测控装置断电均会引起），则会自动填写最大数上传，造成主站数据跳变为-100000。

2）转发信息表定义不一致，表现为个别遥测有段时间数据正确，有段时间数据为零或大多数变电站新扩建间隔厂家在新增转发点时经常发生主机/备机的多通道信息表未全部添加完整，造成在发生通道切换或主备机切换时主站原先正常接收的数据发生跳变。

3）数据通信网关机转发的数据源选取不当，造成数据跳变。如本应采集测控装置数据，而实际上配置选取了保护装置的数据，且某些型号的保护装置在 CPU 忙的情况下遥测数据会变 0，导致转发数据跳变。

整改措施如下：

（1）工作前，应电话告知调度自动化主站人员。

（2）重启前做好数据通信网关机的数据库备份。

（3）应根据调度自动化值班的允许逐台进行重启，重启后与调度主站核对数据正常后再重启另外一台，优先采用软重启的方式。

4.2.9 首检中发现需对数据通信网关机进行信息转发表变更的，应进行备份数据核对

【案例分析】 直接下装数据通信网关机配置造成误遥控

变电站首检过程中，数据通信网关机信息转发表变更的情况较为常见，信息转发表若涉及运行间隔，容易造成对运行间隔的信息的误变更。在不经检查核对的情况下，即直接下装数据通信网关机配置，可能造成其他运行间隔误发信息或造成遥控点位错误，调度主站误遥控变电站运行间隔。

(1) 工作前，应电话告知调度自动化主站人员。

(2) 重启前做好数据通信网关机的数据库备份。

(3) 确认值班通道，只能在非值班的数据通信网关机中依据现有的信息转发表进行参数设备修改。

(4) 根据最新信息表核对遥控转发表，同时建议新增间隔遥控点号应设置在最后，不允许中间穿插。

(5) 根据影响范围进行数据核对。

(6) 双机同步确认。

(7) 转发表修改后，应进行变更前后的转发表对比工作，确保无超工作范围变动。

4.3 网络安全设备

4.3.1 业务主机外联应有告警

【主要内容】

业务主机以任意方式外联 IP 地址不在外联白名单内的设备，在装置人机界面及管理平台查看是否有网络外联告警产生；通过给端口白名单添加段或通过告警抑制的方式，在产生开放非法端口告警时，不应在装置查看到业务主机开放非法端口告警。

【案例分析】 主机未设置完整的远程登录访问控制列表

某 220kV 变电站在进行首检时，发现主机未设置完整的远程登录访问控制列表。

1. 原因分析

通过查询白名单，发现主机未对可访问的白名单进行相关 IP 网段设置。

2. 解决方案

(1) 增加白名单管理：点击"新增"按钮，填写有效的 IP 地址，新增 IP 白名单；选择任意一条记录，点击"修改"按钮，修改 IP 白名单。

(2) 人员远程登录应使用 SSH 协议，禁止使用其他远程登录协议：

sudo vim /etc/inetd. conf

关闭 TELNET 服务后，主机应设置远程登录访问控制列表，限制能够登录本机的 IP 地址。

4.3.2 远动机硬件设计缺陷导致报文窜网传输

【案例分析】 远动机在发送 UDP 报文时不区分网口产生告警

在对某变电站进行首检时发现地调接入网实时纵向加密认证装置发出告警：不符合安全策略的访问，×.×.155.1 访问×.×.10.1 至×.×.251.14 之间共 52 个 IP 地址的 1032 端口。

1. 原因分析

×.×.155.1 为该站的远动机的数据网 IP 地址，×.×.10.1 至×.×.251.14 为与源 IP 同网段的无效地址，1032 为该远动机（型号为 PSX600）对时指令使用的正常业务端口。该远动机采用 103 规约和间隔层装置进行网络对时，对时机制是向远动机配置文件中定义的间隔层装置列表发送 UDP 报文（目的端口为 1032），间隔层装置接收到 UDP 报文后会向该远动机发起 TCP 连接进行对时。因该远动机在发送 UDP 报文时不区分网口，会向其所有网口发送对时报文，所以报文同时也从调度数据网网口发出，被纵向加密认证装置拦截产生告警。

2. 解决方案

对远动机的通信插件进行升级消缺，确保网络报文的有序发送。

4.3.3 故障录播装置硬件设计缺陷导致报文窜网传输

【案例分析】 网口之间未实现有效隔离导致告警

某变电站首检过程中发现其接入网非实时纵向加密认证装置发出告警：不符合安全策略的访问，×.×.45.130 访问×.×.9.20 的 30282 端口。地调接入网非实时纵向加密认证装置发出告警：不符合安全策略的访问，×.×.143.130 访问×.×.32.20 的 30282 端口。

1. 原因分析

×.×.45.130 为站端故障录播装置地调接入网地址，×.×.143.130 为站端故障录播装置省调接入网地址；×.×.32.20 为省调主站一平面业务地址，×.×.9.20 为省调主站二平面业务地址，30282 为正常业务端口。该风电场内故障录波装置（ZH-5）同时接入省调接入网非实时交换机和地调接入网非实时交换机，该故障录波装置 CPU 插件只有一个块网卡，通过网口扩展插件将一块网卡扩展为四个同 MAC 地址的对外通信网口，且网口之间未实现有效隔离，导致了省调接入网纵向装置拦截了来自地调接入网地址的正常访问，而地调接入网纵向装置拦截了来自省调接入网地址的正常访问。

2. 整改措施

（1）升级 CPU 插件程序，使 CPU 插件发给 P0 口的每一帧报文都带有端口标签，交换芯片根据报文中的端口标签，将报文转发到 P1 - P4 中的指定网口，同时实现 P1 - P4 口之间有效隔离。

（2）将故障录播装置的 CPU 插件更换为具有多个独立 MAC 地址网卡的插件。

4.3.4 防火墙配置问题导致网络安全监测装置无法接收交换机日志

【案例分析】 策略配置错误导致告警

某 110kV 变电站首检时发现网络安全监测装置告警，告警内容为：站控层交换机设备离线。

1. 原因分析

sh 交换机与网络安全监测装置进行日志交换是网络安全监测装置上交换机资产在线的必要条件。经现场检查，交换机上配置正确：SNMP 采用 V3 版本，视图名、组名、用户名设置正确，SNMP TRAP 主机地址设置正确；网络安全监测装置资产设置正确。随后查询防火墙，发现配置错误：策略配置中，"SNMP 放行"策略误选择为 TCP 协议，正确应为 UDP 协议。

2. 解决方案

更改策略配置并重启防火墙设备后，网络安全监测装置显示防火墙在线。

4.4 二次回路及安装

4.4.1 各装置端子排的连接应可靠，所置标号应正确、清晰

【案例分析 1】 某个端子排标签位空白影响运行

在某变电站首检时，发现其某个端子排标签位空白，如图 4 - 18 所示。按照规定，端子排应该粘贴与图纸一致的标号，方便后期检修。如果没有正确的标号，很容易在后期工作中出现误拆、误接的情况，继而导致装置误动或拒动，严重影响设备的安全稳定运行。

为保障后期维护工作顺利开展，结合图纸与现场接线，确定端子排标签内容，打印并粘贴正式标签。同时，对变电站内其他各间隔端子排进行排查，如发现端子排未按规定粘贴标号的，及时记录并补齐。

图 4 - 18 端子排没有按照规定粘贴标号

【**案例分析 2**】 端子排缺少方向套影响运行

在某变电站首检过程中，发现某间隔端子排部分外部接线缺少方向套。二次回路中端子排外部接线一般采用等电位标号原则，即同一根电缆两侧点位相同，方向套标号也相同。电缆方向套是工作中对回路进行判断与辨识的关键，正确的方向套能够为后期检修提供巨大帮助。

根据图纸与现场实际，打印正式方向套套入原电缆中，如图 4 - 19 所示。同时，对变电站内其他间隔进行检查，如发现存在缺少方向套的情况及时记录并结合图纸与现场实际进行整改。

4.4.2 保护柜内的连接线应牢固、可靠，无松脱、折断

【**案例分析 1**】 螺丝没有紧固导致虚接

在某变电站首检时，发现交流电源 L 端子排中螺丝没有紧固，电缆轻微晃动后可直接从端子排拔出，如图 4 - 20 所示。端子排螺丝紧固是确保回路顺畅、保持稳定运行的基础。当螺丝没有紧固到位或者未紧固时，回路可能会虚接、断开。此时，相关回路功能将会受到影响。如果是关键回路接触不良，甚至会导致保护装置误动甚至拒动。因此发现螺丝松动后要及时处理。

图 4 - 19 连接线增加端子　　　　　　图 4 - 20 保护柜内端子排接线松动

将相导线重新接入对应端子，并将螺丝拧牢。首检时，需要对检修间隔的各个端子排螺丝进行重新紧固，避免出现松动的情况。如发现螺丝滑丝，及时对端子排进行更换。

【**案例分析 2**】 背板螺丝有晃动导致电压采样不准

在某变电站首检过程中，发现某装置 A 相电压与实际加入电压误差较大。使用万用表测量校验装置出口电压与端子排电压，结果全部正确。测量装置背板处电压时，

发现电压正确，但能感受到背板螺丝有晃动，如图 4 - 21 所示。重新对保护装置背板的螺丝进行紧固。在松动螺丝紧固后，装置采样恢复正常，说明此次电压测量不准是由于装置背板螺丝松动接触不良导致。

装置背板螺丝往往由保护装置厂家保障。但是由于品控及长期运行的原因，难免会出现部分螺丝松动的现象。因此在首检过程中，对于采用螺丝固定背板接线的保护，应配合端子排一起完成螺丝紧固工作。

将相关螺丝进行重新紧固，通过试验测试，确保回路畅通。同时，在变电站首检时加强装置背板的螺丝紧固工作，特别是对于一些重要回路。如果紧固时发现异常松动的状况，要及时记录并整改。

4.4.3　二次回路绝缘检查应符合技术要求

【案例分析】　线芯绝缘层损伤损坏绝缘

在某变电站首检进行二次回路绝缘检查时，发现某 220kV 间隔开关端子箱到副母闸刀机构箱的电缆有两根线芯之间的绝缘过低，不满足绝缘要求。认真检查回路电缆，发现电缆场地出的抽头由于施工时用力过大导致两根线芯绝缘层损伤，在使用绝缘电阻表进行测量时绝缘破损处击穿放电，绝缘不满足要求，如图 4 - 22 所示。

图 4 - 21　装置背板螺丝松动　　　　　　图 4 - 22　电缆线芯绝缘层破损

为保证二次回路安全运行，二次回路的绝缘电阻应做定期检查和试验。根据《继电保护及二次回路安装及验收规范》（GB/T 50976—2014）要求，二次回路的绝缘电阻标准为：

（1）直流小母线和控制盘的电压小母线在断开所有其他连接支路时，应不小于 10MΩ。

（2）二次回路的每一支路和开关、隔离开关操动机构的电源回路应不小于 1MΩ。

（3）接在主电流回路上的操作回路、保护回路应不小于 1MΩ。

此处电缆由于备用芯较多，因此使用绝缘良好的备用芯代替破损的线芯，并将破损的备用芯做好标记，避免日后工作中误用绝缘受损的线芯。当电缆中备用线芯数不满足要求时，则需要重新施放电缆。

4.4.4　复归按钮、电源开关的通断位置应明确且操作灵活

【案例分析】　空气开关拉开卡涩影响稳定运行

在某变电站进行首检时，发现其 35kV 母差保护Ⅰ段母线交流电压空气开关 UK1 拉开时卡涩，如图 4-23 所示。在实际工作中，交流空气开关作为一个可靠的断开工

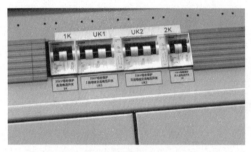

图 4-23　空气开关拉开时卡涩

具，应满足灵活操作的需求。由于空气开关拉开过程中存在卡涩，如果不处理，当空气开关下端出现短路故障时，空气开关无法快速跳开，甚至可能引发上级空气开关越级跳闸，扩大故障范围。因此需要对问题进行处理。

由于空气开关集成度较高，难以维修，因此直接对空气开关进行更换，并测试新空气开关拉合是否正常。

4.4.5　接地点应连接牢固且接地良好，并符合设计要求

【案例分析】　电缆没有两端接地导致电磁干扰

在某变电站首检时，发现某保护屏内某根电缆的屏蔽层接地线丢在柜内，未按规定要求接入接地铜排，如图 4-24 所示。电缆屏蔽层在开关场及控制室两端接地的目的主要是抵御空间电磁干扰。当电缆被干扰源电流产生的磁通所包围时，如果屏蔽层两端都可靠接地，则在电缆的屏蔽层中能够感应出电流。屏蔽层中感应电流所产生的磁通与干扰源电流产生的磁通方向相反，因此可以有效抵消干扰源磁通对电缆线芯上的影响，保障保护装置稳定运行。如果电缆没有两端接地，则干扰电流产生的磁通无法在屏蔽层中感应出电流，屏蔽层也无法产生反向磁通抵御干扰。

将丢在柜内的接地线接入保护屏内的接地铜排上，如图 4-25 所示。同时认真检查其他各间隔是否还存在接地线未可靠接地的状况，发现后及时记录并整改。

4.4.6　检查光纤是否连接正确、牢固，有无光纤损坏、弯折现象

【案例分析】　光纤弯折曲率过大导致断链

在某变电站首检进行合并单元校验过程中，发现该间隔保护装置会报出 SV 断链，无法正常收到来自合并单元的模拟量信息。检查保护装置与合并单元的检修装

置，二者检修状态一致。检查光纤回路，发现光纤均插入对应端口中。检查后台的二维表，发现二维表反映与现场实际一致，保护装置收该间隔合并单元的 SV 光纤断链。

图 4 - 24 电缆的接地线螺丝未紧固

图 4 - 25 电缆的接地线螺丝已紧固

再次认真对光纤回路进行检查，发现保护装置处光纤弯折曲率过大，如图 4 - 26 所示，轻微晃动发现光纤内部已经折断。判断故障原因为光纤在安装时曲率过大导致内部折断。此次首检过程中晃动了光纤，导致内部导光纤维错位，光回路不通，装置报出 SV 断链。

光纤虽然是柔软的，可以在一定程度上弯折，但光线在光纤中传导方式与电在电缆中不同，在光纤曲率到达一定程度后，光的传播路径就会发生变化，由正常的传出模转变为辐射模。在这种情况下，一部分光就将渗透到包层或者穿过包层向外部泄露损失掉。因此按照要求，弯折曲度半径不能小于 2cm。同时，由于光纤的柔韧度有限，无法像金属一样随意弯折。当弯折曲率半径过小时，将会折断，导致光纤回路断开，无法联通。

由于原光纤已经折断，现场也缺少光纤熔接工具，因此找出对应的备用光纤，对原光纤进行替换，如图 4 - 27 所示。在更换备用光纤后，SV 回路恢复正常，保护装置正常显示合并单元采集的模拟量。

4.4.7 检查光纤标号是否正确

【案例分析】 光纤未标号影响后期维护

在某变电站进行首检，在执行安措时发现某间隔智能终端光纤未粘贴标签，如图 4 - 28 所示。智能变电站内由于光纤数量较多，且外观相似。如果没有粘贴标签，很难对光纤进行区分，在执行相关安措时很容易错拔光纤，导致安措执行不到位。同时也为后期检修维护增加不必要的成本。

图 4 - 26 光纤出现折痕

图 4 - 27 使用备用芯后光纤没有折痕，
通信回复正常

　　按照回路图及现场实际，对该间隔光纤标签进行补充。同时，对变电站进行排查，如发现光纤标签缺失的状况，及时记录并结合回路图与现场实际进行补充。

4.4.8　检查光纤接头完全旋进或插牢，无虚接现象

【案例分析】　光纤虚插导致通道损耗过大

　　某变电站在首检时发现某间隔保护装置接收合并单元的光纤光功率较低。对光纤回路进行检查，发现其合并单元处光纤接口存在虚接的情况，如图 4 - 29 所示。目前由于光纤还插在端口内，虽然光功率较低，但装置还能正常运行。但由于光纤

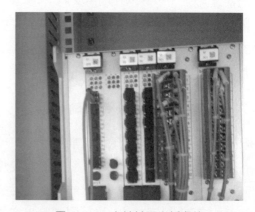

图 4 - 28 光纤没有标号

图 4 - 29 合并单元光纤虚接

虚插，相应锁止机构并未卡死，如果光纤受到外力，将会从端口中滑出，导致装置中断。

插入光纤接头一定要确认仔细，确保安插到位。特别是线路纵差保护常用的 FC 插头，要确定端口凹槽与接头凸点对齐后插入，避免接口卡死。将相应虚接的光纤重新插入，再次检查光功率，确保其在正常范围。

附　　录

附录A　性　能　指　标

变电站监控系统主要性能指标应符合下列规定：

（1）测量误差：电流、电压不大于0.2%，有功、无功不大于0.5%，频率不大于0.005Hz。

（2）事件顺序记录分辨率（SOE）：站控层不大于2ms，间隔层测控装置不大于1ms。

（3）模拟量越死区传送时间（至站控层）不大于2s。

（4）状态量变位传送时间（至站控层）不大于1s。

（5）模拟量信息响应时间（从I/O输入端至数据通信网关机出口）不大于3s。

（6）状态量变化响应时间（从I/O输入端至数据通信网关机出口）不大于2s。

（7）控制执行命令从生成到输出的时间不大于1s。

（8）控制输出接点容量应为220VAC/DC，连续载流能力为5A。

（9）控制操作正确率100%。

（10）双机系统可用率不小于99.9%。

（11）平均故障间隔时间（MTBF）：站控层不小于2000h，间隔层测控装置不小于30000h。

（12）站控层各工作站的CPU平均负荷率：正常时（任意30min内）不大于30%，电力系统故障（10s内）不大于50%。

（13）网络平均负荷率：正常时（任意30min内）不大于20%，电力系统故障时（10s内）不大于40%。

（14）画面整幅调用响应时间：实时画面不大于2s，其他画面不大于3s。

（15）测控装置对时误差不大于1ms。

附录B　变电站与相关调度（调控）中心交互的SCADA信息

1. 变电站应向相关调度（调控）中心上送的遥测量

（1）变压器各侧有功和无功、高压侧三相电流、三相电压、分接头挡位。

（2）线路有功和无功及三相电流、三相电压。

（3）母联和分段断路器三相电流，必要时测有功和无功。

（4）旁路断路器的测量内容与线路相同。

（5）各段母线三相线电压及 110kV 以上电压等级母线频率。

（6）变电站电源系统电压值。

（7）站用变各段母线电压，直流系统各段母线电压、蓄电池电压、通信电源电压。

（8）变压器油温、绕组温度。

（9）智能变电站户外柜的温度及湿度。

（10）220kV 及以上线路并联电抗器组无功、油温。

（11）设置串联补偿装置的 220kV 及以上线路电流。

（12）220kV 电压等级及以上变电站主变压器低压侧的并联电抗器、电容器组总回路的无功。

2．变电站宜向相关调度（调控）中心上送的遥测量

（1）220kV 及以上电压等级的联络变压器各侧电流。

（2）运行中可能过负荷的自耦变压器公共绕组电流。

（3）由调度（调控）中心监视的 220kV 以下的中枢点母线电压。

（4）电磁环网并列点开口相角差。

（5）330kV 及以上电压等级长距离输电线路末端电压。

3．变电站应向相关调度（调控）中心上送的遥信量

（1）线路、母联、旁路和分段断路器位置信号。

（2）变压器和无功补偿装置断路器位置信号。

（3）变电站事故总信号及间隔事故总信号。

（4）反映电力系统运行状态的各电压等级的隔离开关和接地开关位置信号。

（5）220kV 及以上电压等级线路主要保护、重合闸动作信号和保护通道运行状态。

（6）220kV 及以上电压等级母线保护动作信号。

（7）220kV 及以上电压等级断路器失灵保护动作信号。

（8）220kV 及以上电压等级短引线保护动作信号。

（9）变压器以及无功补偿装置主要保护动作信号。

（10）SOE 信息。

4．变电站宜向相关调度（调控）中心上送的通信量

（1）与小容量机组连接的 220kV 及以上电压等级的长距离输电线路过电压保护信号。

（2）调度范围内的通信设备运行状况信号。

（3）影响电力系统安全运行的越限信号。

5．调度（调控）中心根据需要向变电站传送的通控或遥调命令

（1）断路器分合。

（2）隔离开关分合。

（3）中性点接地开关控制。

（4）无功补偿装置投切。

（5）有载调压变压器抽头调节。

（6）继电保护装置软压板投/退。

（7）维电保护设备定值设定、修改和定值区切换。

附录 C 35kV 及以上变电站监控主机系统软件推荐版本信息表

序号	系统型号	生产厂家	软件名称	最新版本号	校验码	备注
1	NS3000	南瑞科技	监控系统软件	V8.05.1	9A28	版本查阅：控制台右击查看版本
2			前置通信	V8.05.1	9A28	
3			五防	V8.05.1	9A28	
4			一键顺控	V8.05.1	9A28	
5			Agent	V8.05.1	9A28	
6	NS5000	南瑞科技	监控系统软件	V3.3	54BF	版本查阅：控制台右击查看版本
7			前置通信	V3.3	54BF	
8			五防	V3.3	54BF	
9			一键顺控	V3.3	54BF	
10			Agent	V3.3	54BF	
11	PCS9700	南瑞继保	监控系统软件	R2.0	203b0485b2ff2d21	
12			前置通信	2.01.01.01	202e0b1c08241210	
13			五防	2.02.09.01	21a527174359ef29	
14			一键顺控	2.02.16.01	21a62e853759f649	
15			Agent	1.08	8d37	
16	CSC2000 (V2)	北京四方	监控系统软件	V3.46GD	无	
17			前置通信	V3.63.7	无	
18			五防	V3.25	无	
19			一键顺控	5.83TY	无	
20			Agent	V1.2.0 V2.4.12 (凝思)	无	
21	CSGC3000	北京四方	监控系统软件	V3.00	无	前置通信、五防、一键顺控软件版本与监控系统软件版本一致，无独立显示
22			Agent	V1.2.1 V2.4.12 (凝思)	无	

续表

序号	系统型号	生产厂家	软件名称	最新版本号	校验码	备注
23	PS 6000+	国电南自	监控系统软件	V2.0 (15.09＿sp2)	无	版本查阅："开始"菜单版本查看
24			前置通信	0.36.22	2C1C155A	
25			五防	0.5.3	B199D8D7	
26			一键顺控	0.4.0	2952E35A	
27			Agent	0.5.6	A863239	
28	MCS-8500	许继电气	监控系统软件	V4.01	无	
29			前置通信	V4.01	9DA3	
30			五防	V4.01	459F	
31			一键顺控	V4.01	E420	
32			Agent	V2.4.12	无	
33	PRS-7000	长园深瑞	监控系统软件	V2.20	无	
34			前置通信	V2.20	无	
35			五防	V2.20	无	
36			一键顺控	V2.20	无	
37			Agent	V1.01	无	
38	LCS-5500	国网智能	监控系统软件	V4.6.4	无	
39			前置通信	V4.6.4.4460	28FBE9C7	
40			五防	V4.6.4.18685	847CE322	
41			一键顺控	V4.6.4.18647	592530D4	
42			Agent	V1.00	无	
43	iPACS-5000	金智科技	监控系统软件	V3.30	无	
44			前置通信	V3.30	无	
45			五防	V3.30	无	
46			一键顺控	V3.30	无	
47			Agent	V1.00	无	
48	DMP-3300	磐能科技	监控系统软件	4.5.1	无	Agent 为凝思操作系统自带
49			前置通信	4.5.1	B27CA1FA	
50			五防	4.5.1	F40415D7	
51			一键顺控	4.5.1	A25673E2	
52			Agent	2.4.12	无	
53	SL330A	积成电子	监控系统软件	V1.3.30	558DAB83	版本查阅：控制台左击可查看版本
54			前置通信	V1.3.30	41D32DB8	
55			五防	V1.3.30	BA9221FC	
56			一键顺控	V1.3.30	A96A1711	
57			Agent	V1.0	EF9BE45A	

序号	系统型号	生产厂家	软件名称	最新版本号	校验码	备注
58	Super5000	思源弘瑞	监控系统软件	V5.08.009	无	
59			前置通信	V5.08.009	无	
60			五防	V5.08.009	无	
61			一键顺控	V5.08.009	无	
62			Agent	V1.01	3A4DBC43	
63	NSA3000T	南京电研	监控系统软件	V1.0	无	版本查阅：各程序查看版本
64			前置通信	V1.26	无	
65			五防	V1.45	无	
66			一键顺控	V.133	无	
67			Agent	V.15	无	
68	DF1900	东方电子	监控系统软件	V3.2.2	2F1B1E4D3CAABC3FFCDF82FEFEF3DA90	
69			前置通信	V3.2.2	78D3C7186FEB037A462CE0989377C8B1	
70			五防	V3.2.2	78D3C7186FEB037A462CE0989377C8B1	
71			一键顺控	V3.2.2	85C1B82E0715065200F34A0D0E186795	
72			Agent	V3.0	8874D0FC02DC1324C54F989E1BBA151E	
73	E3000	东方电子	监控系统软件	V3.2.2	2F1B1E4D3CAABC3FFCDF82FEFEF3DA90	
74			前置通信	V3.2.2	78D3C7186FEB037A462CE0989377C8B1	
75			五防	V3.2.2	78D3C7186FEB037A462CE0989377C8B1	
76			一键顺控	V3.2.2	85C1B82E0715065200F34A0D0E186795	
77			Agent	V3.0	8874D0FC02DC1324C54F989E1BBA151E